服装制板与裁剪
丛书
FUZHUANG ZHIBAN YU CAIJIAN CONGSHU

商务女装的制板与裁剪

U0205498

徐 丽 主编

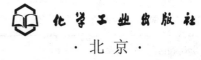
化学工业出版社
·北京·

图书在版编目（CIP）数据

商务女装的制板与裁剪/徐丽主编．—北京：化学
工业出版社，2018.7
（服装制板与裁剪丛书）
ISBN 978-7-122-32112-1

Ⅰ.①商…　Ⅱ.①徐…　Ⅲ.①女装-服装量裁
Ⅳ.①TS941.717

中国版本图书馆CIP数据核字（2018）第092045号

责任编辑：张　彦　　　　　　　　　　装帧设计：王晓宇
责任校对：王素芹

出版发行：化学工业出版社（北京市东城区青年湖南街13号　邮政编码100011）
印　　刷：北京京华铭诚工贸有限公司
装　　订：北京瑞隆泰达装订有限公司
787mm×1092mm　1/16　印张7¾　字数154千字　2018年9月北京第1版第1次印刷

购书咨询：010-64518888（传真：010-64519686）　　售后服务：010-64518899
网　　址：http://www.cip.com.cn
凡购买本书，如有缺损质量问题，本社销售中心负责调换。

定　　价：39.00元　　　　　　　　　　　　　　版权所有　违者必究

服装制板与裁剪
丛书
FUZHUANG ZHIBAN YU CAIJIAN
CONGSHU

近几年来，随着女性对服装品位和质量要求的提升，我国女性服装行业正在向高端品牌化和差异个性化发展，服装样式也有了明显的变化。近几年来流行的女装，在总体造型上保持着"简洁"的风格，简化设计制作，点缀质朴恰当，使服装造型与人体曲线融为一体，更加突出人体自然美。

在配色方面，目前趋向于表现鲜明、醒目的装饰效果。在色相组合方面多注重明度、纯度和色相的配合，同时配以体现整体美、韵律美的几何图形，以强化视觉美感。随着国际流行衣料质地的发展变化，衬料、配料种类也日趋丰富。流行的女装，在质地搭配上非常注重和谐统一的多样变化；大多数采用两三种不同质地、不同色调的衣料，巧妙组合，相映成趣，体现更好的视觉美效果。

随着生活水平的提高，人们的生活品质也不断提高，服装品位在不断提升，消费者对服装款式的需求也日益上升。为满足这方面的需要，本书精选了流行女装款式102种，介绍给广大读者以及从事服装行业的爱好者和对生活追求完美的女士。

本书由徐丽主编，参加编写的人员还有刘茜、徐杨、李雪梅、刘海洋、李艳严、于丽丽、李立敏、裴文贺、方乙晴、陈朗朗、杜弯弯、王艳、李飞飞、李雅男、王红岩、徐吉阳、于蕾、于淑娟和徐影等。

由于作者水平有限，在编写的过程中难免疏漏，请多提宝贵的意见。

编者
2018年7月

目录
CONTENTS

办公室职业裤装　　　　　　　　　　　　　Page 056

办公室职业裙装　　　　　　　　　　　　　Page 059

商务时尚大衣　　　　　　　　　　　　　　Page 077

商务装女上衣

燕尾式无领女上衣

此款造型新颖，下摆呈燕尾式，斜领口，三粒扣，蓬袖，后背破缝。面料可选用法兰绒、灯芯布及各色粗纺呢。

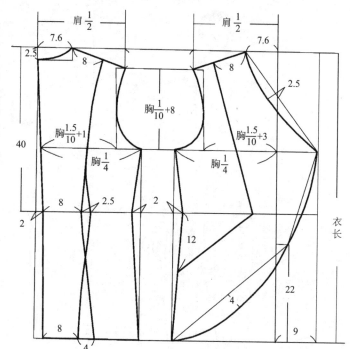

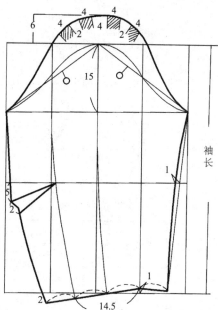

成品规格

衣长	64	袖长	55
胸围	96	领大	38
肩宽	40		

单位：厘米

双排扣收腰女上衣

 此款为无领，收腰，挖兜，双排扣。中青年女性穿上能显示体型美。各种粗格呢、素色呢均可制作。

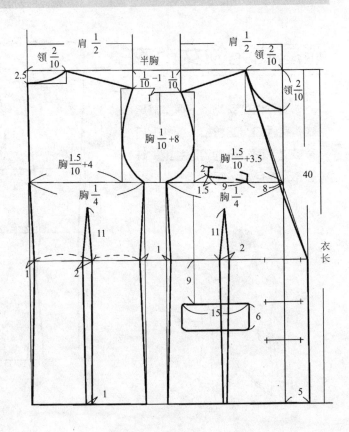

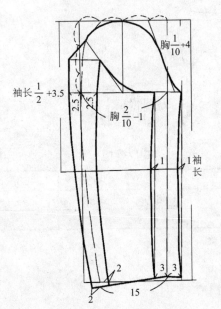

成品规格

衣长	70
胸围	100
肩宽	44
袖长	55
领大	38

单位：厘米

无领蓬袖中长外衣

此款为圆领口，圆下摆，蓬袖，后背破缝，有两个挖兜，款式新潮，设计简练、用料大胆。面料采用大衣呢、粗纺呢均可。颜色可采用石绿、乳白、黑等色。

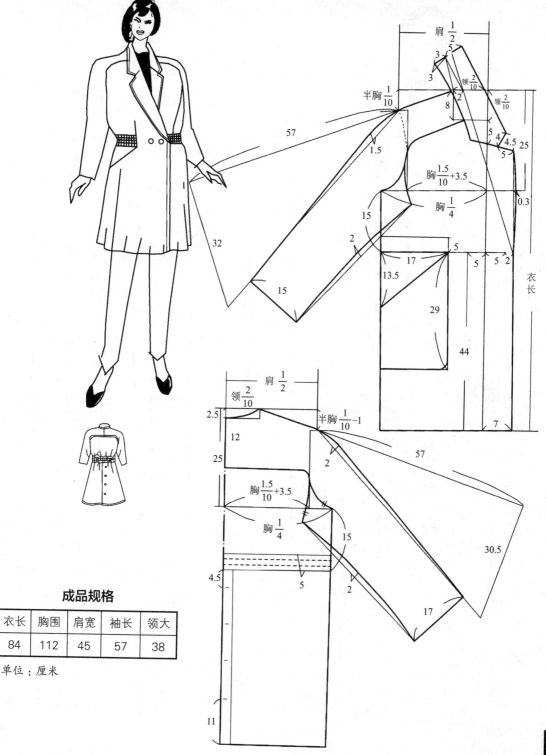

成品规格

衣长	胸围	肩宽	袖长	领大
84	112	45	57	38

单位：厘米

西服领燕尾式长裙衣

此款式为西服领，有三个大明兜，燕尾式下摆，后背破缝，收腰节，三粒扣。款式既实用，又合体。面料用各色女士呢、棉花布、核桃呢等。

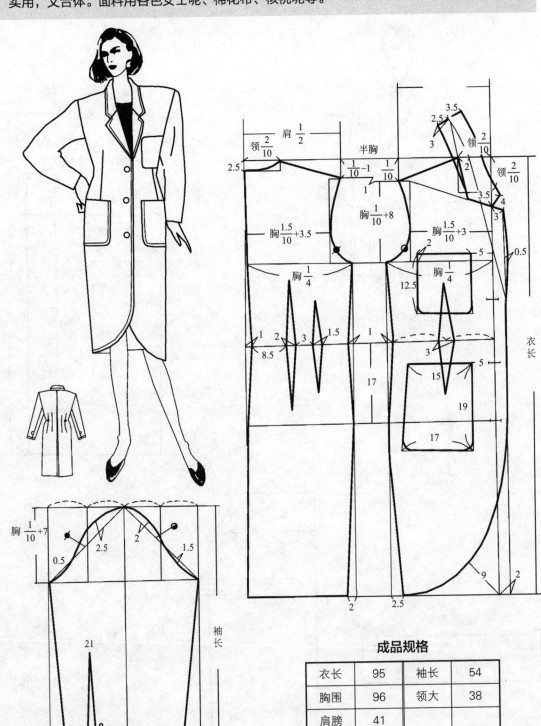

成品规格

衣长	95	袖长	54
胸围	96	领大	38
肩膀	41		

单位：厘米

V形领中长新潮外衣

此款设计简洁，V形领，前后破刀背缝，挖兜，尖斜下摆，二粒扣，款式新潮，衣长较长，是近年的流行款式。如果再配短裙就更佳。

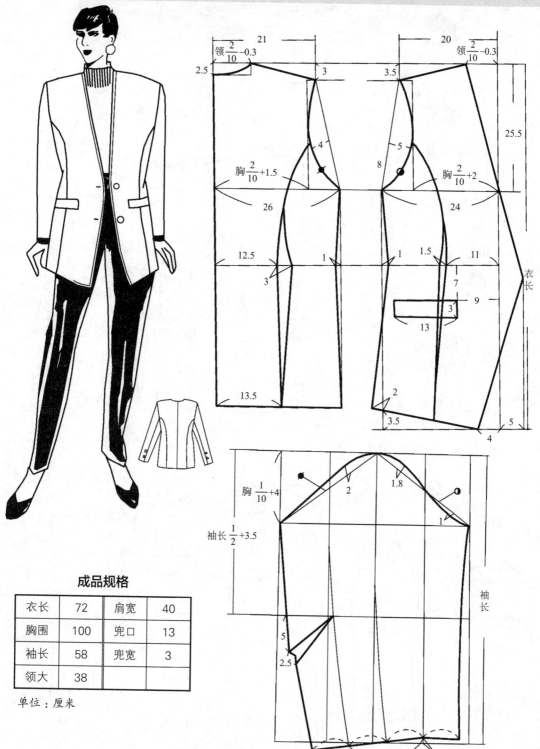

成品规格

衣长	72	肩宽	40
胸围	100	兜口	13
袖长	58	兜宽	3
领大	38		

单位：厘米

连领收腰短上衣

此款设计清秀、简练，连领，单扣，圆下摆，裁剪时可无侧缝，前后片侧缝结合。款式符合短上衣长裙子的流行趋势。面料可用女士呢、核桃呢等。

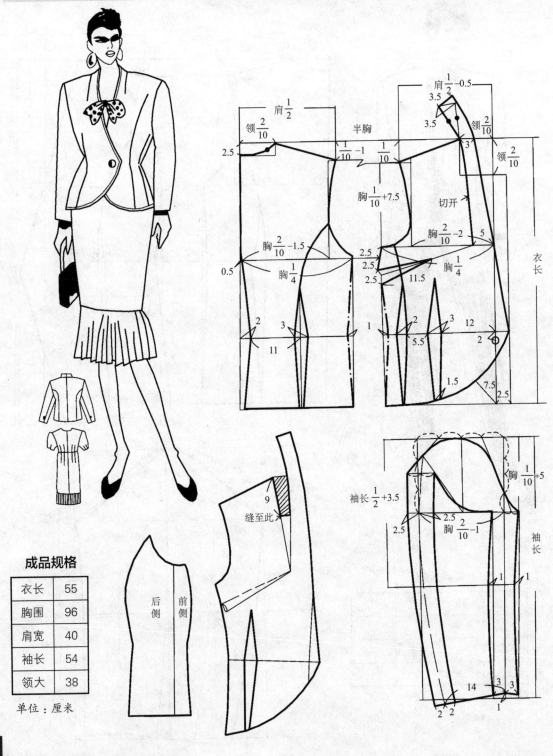

成品规格

衣长	55
胸围	96
肩宽	40
袖长	54
领大	38

单位：厘米

青果领双扣女外衣

此款为青果领，装袖，二粒扣，前片可加外翻贴边，后片无变化。下摆可缉线，款式庄重大方。面料可使用法兰绒、粗纺呢等。春秋季穿着极为合适。

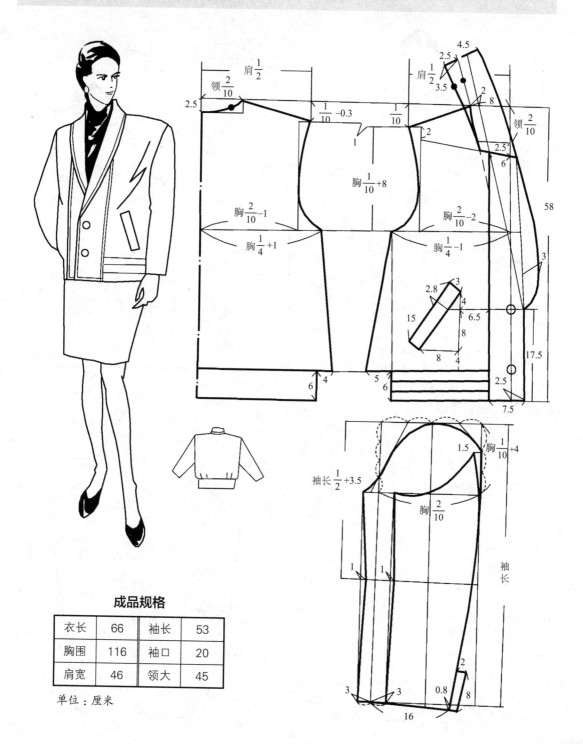

成品规格

衣长	66	袖长	53
胸围	116	袖口	20
肩宽	46	领大	45

单位：厘米

插肩袖立领夹克外衣

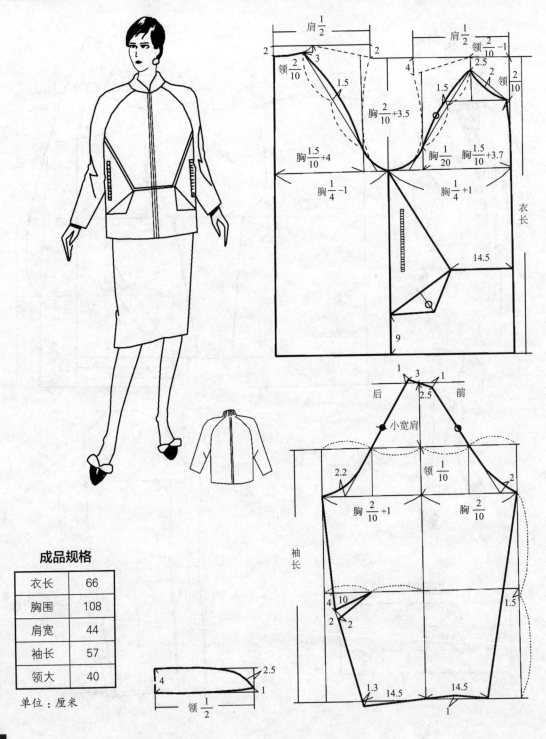

立领，门襟绱拉锁，两侧破缝，安拉锁，后背无变化，非常适合作为职业服装穿用。原料可选用各色纯棉布、涤卡等。

肩 $\frac{1}{2}$

2

领 $\frac{2}{10}$

3

1.5

胸 $\frac{2}{10}+3.5$

胸 $\frac{1.5}{10}+4$

胸 $\frac{1}{4}-1$

肩 $\frac{1}{2}$

领 $\frac{2}{10}-1$

4

2.5

2

领 $\frac{2}{10}$

1.5

胸 $\frac{1.5}{10}+3.7$

胸 $\frac{1}{20}$

胸 $\frac{1}{4}+1$

衣长

14.5

9

后

1

3

1

前

2.5

小宽肩

2.2

领 $\frac{1}{10}$

2

胸 $\frac{2}{10}+1$

胸 $\frac{2}{10}$

袖长

4 10

2

2

1.5

1.3 14.5

14.5

1

成品规格

衣长	66
胸围	108
肩宽	44
袖长	57
领大	40

单位：厘米

4

2.5

领 $\frac{1}{2}$

1

宽板带双排扣女外衣

此款为宽板带，双排扣，大驳头领直插兜，袖子中间破缝加襻，制作时用呢料最佳，可使造型挺括。是中青年女性春秋季的理想时装款式。

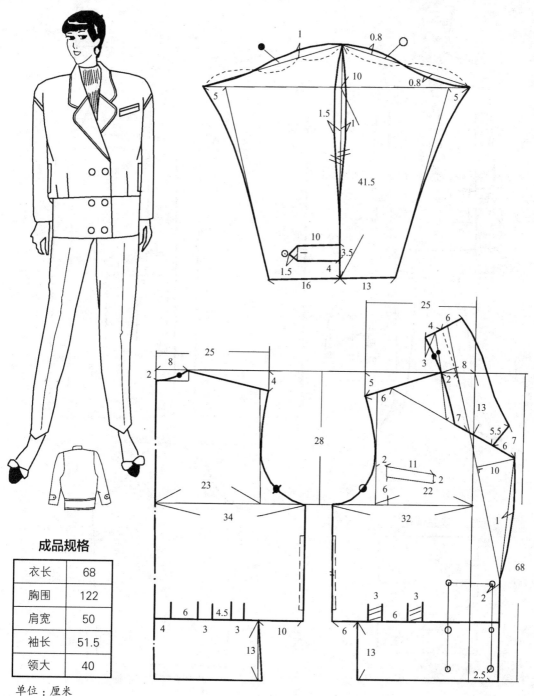

成品规格

衣长	68
胸围	122
肩宽	50
袖长	51.5
领大	40

单位：厘米

新潮女春秋中大衣

此款为双排扣，V领口，两个大贴兜，袖口绱袖头，后背破缝，可缉双明线。左上胸配手巾袋。面料可选用各色粗纺料、薄呢子等。

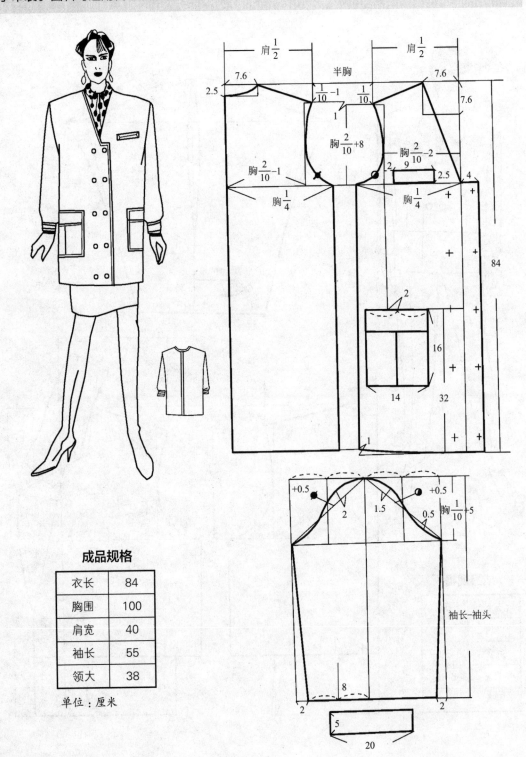

成品规格

衣长	84
胸围	100
肩宽	40
袖长	55
领大	38

单位：厘米

筒式春秋外衣

此款为双排扣，斜插兜，立领，袖头抽褶，后背破缝，款式呈筒型，造型新颖。面料可用各色呢料、粗格料、灯芯绒等。

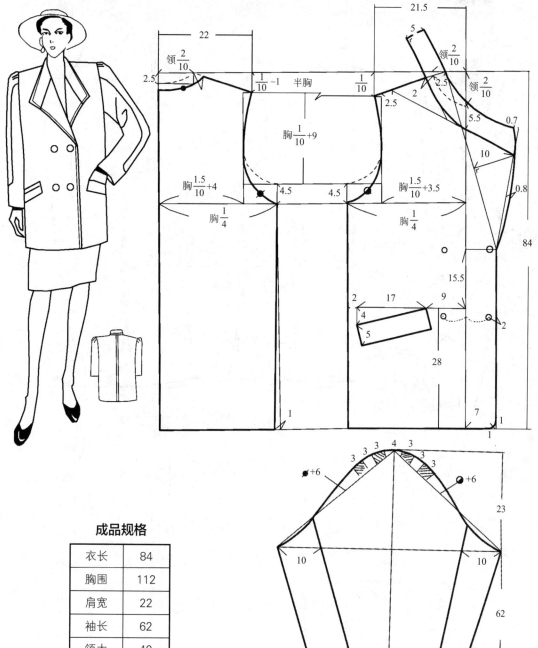

成品规格

衣长	84	
胸围	112	
肩宽	22	
袖长	62	
领大	40	

单位：厘米

枪驳头女西装上衣

> 此款为前后破刀背，左胸配手巾袋，圆摆。面料可用各色粗纺呢、中长化纤、毛呢等。

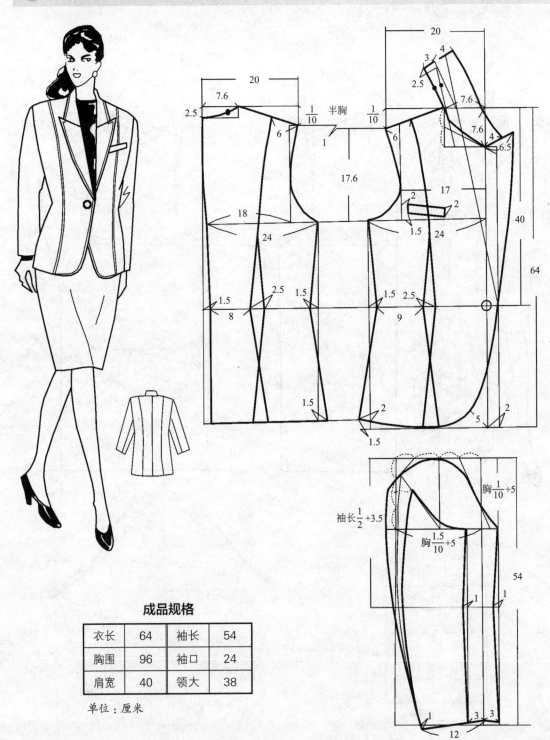

成品规格

衣长	64	袖长	54
胸围	96	袖口	24
肩宽	40	领大	38

单位：厘米

袖连肩方领夹克上衣

此款采用中式的连袖，前片断过肩，后片斜断开，袖头扣和下摆用罗口。整个款式舒适方便，既有中国民族之特点，又有西式的新潮之感。面料可用各色粗纺呢，尼龙绸也可以。

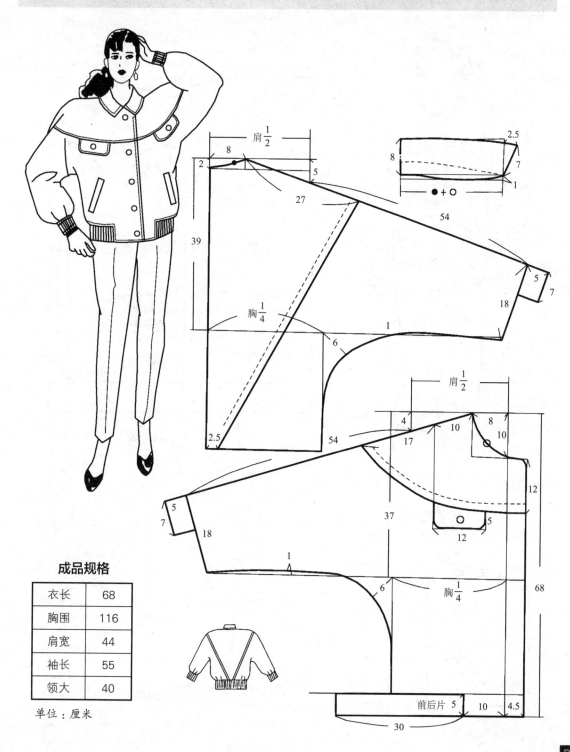

成品规格

衣长	68
胸围	116
肩宽	44
袖长	55
领大	40

单位：厘米

外翻贴边板带式女上衣

← 此款小方领，外翻贴边，斜插带兜盖。前片斜断，后片横断。袖口缉袖头，造型呈长方形。面料可采用涤纶绸、涤卡等，防雨绸也可以。

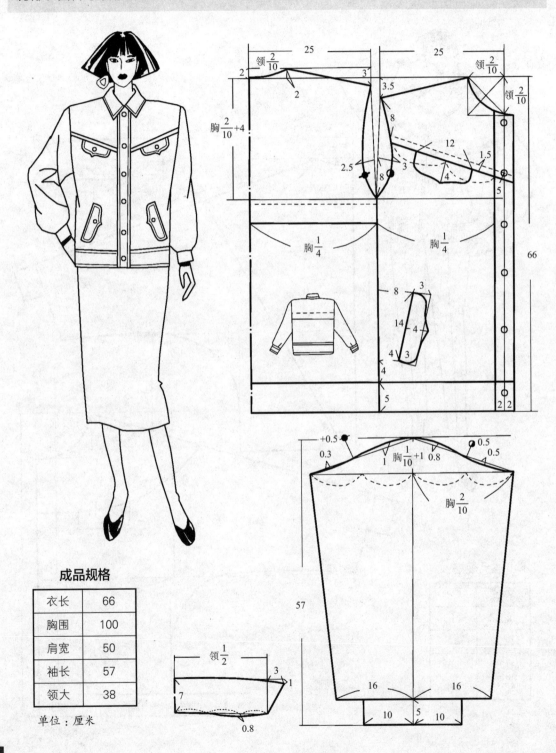

成品规格

衣长	66
胸围	100
肩宽	50
袖长	57
领大	38

单位：厘米

斜下摆低驳头中长外衣

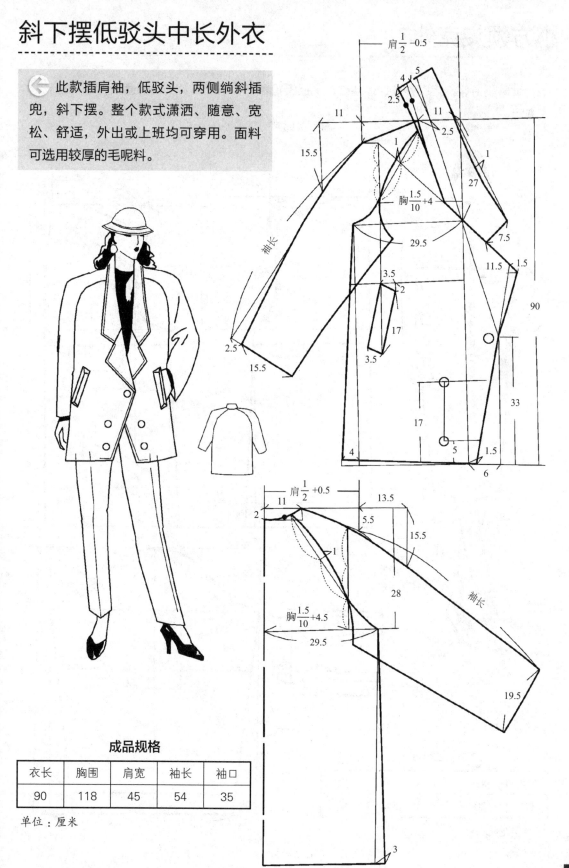

此款插肩袖，低驳头，两侧绱斜插兜，斜下摆。整个款式潇洒、随意、宽松、舒适，外出或上班均可穿用。面料可选用较厚的毛呢料。

肩$\frac{1}{2}$ −0.5

11

15.5

4 5

2.5

2.5

11

1

胸$\frac{1.5}{10}$+4

29.5

27

1

7.5

11.5 1.5

90

3.5

2

17

3.5

2.5

15.5

33

17

5

1.5

4

6

肩$\frac{1}{2}$ +0.5

11

2

13.5

5.5

15.5

1

28

胸$\frac{1.5}{10}$+4.5

29.5

19.5

袖长

袖长

3

成品规格

衣长	胸围	肩宽	袖长	袖口
90	118	45	54	35

单位：厘米

小方领夹克外衣

此款小方领，止口安拉锁，袖口、下摆缉松紧带，前后断片。用普通涤夫绸、的卡制作即可。

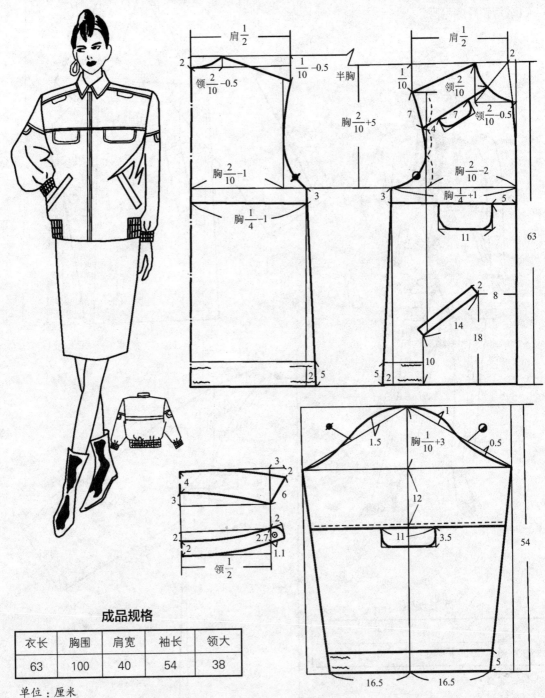

成品规格

衣长	胸围	肩宽	袖长	领大
63	100	40	54	38

单位：厘米

方领双排扣夹克外衣

此款为方领，下摆及袖口用罗口，双排扣，后背捏对褶，款式美观、造型合理。面料可用各色纯棉布、涤夫绸、呢料等。

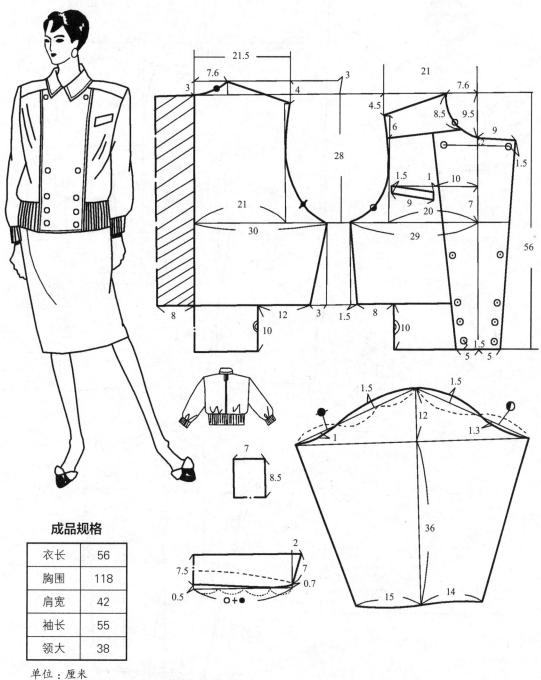

成品规格

衣长	56
胸围	118
肩宽	42
袖长	55
领大	38

单位：厘米

圆领口梯形开门外衣

此款造型简练，圆领口，略收腰，二粒扣，止口设计呈梯形，斜下摆，衣长较长，袖子破缝。面料可用各色粗纺呢、大衣呢等。

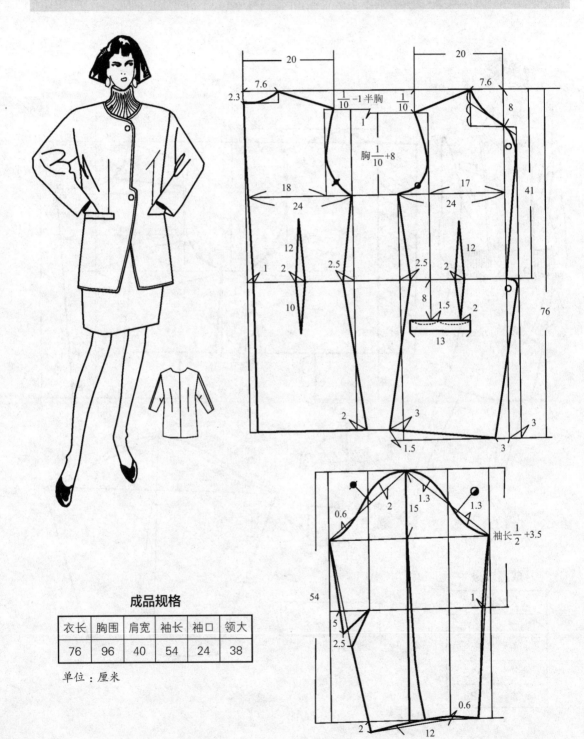

成品规格

衣长	胸围	肩宽	袖长	袖口	领大
76	96	40	54	24	38

单位：厘米

收腰双排扣中大衣

此款为西服领，双排扣，插肩袖，斜插兜，后片有开气，钉扣。面料可用各色棉涤纶、纯棉布等。

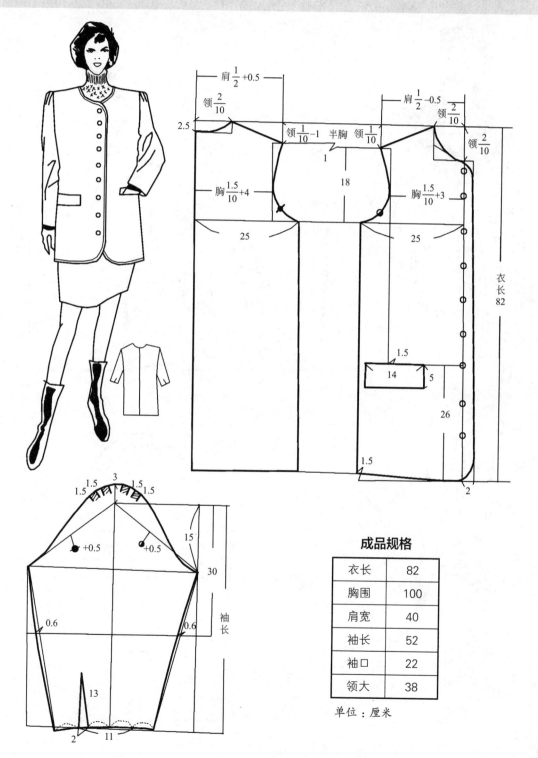

成品规格

衣长	82
胸围	100
肩宽	40
袖长	52
袖口	22
领大	38

单位：厘米

披肩开领上衣

> 此款为近几年较为流行的上衣款式，常与萝卜裤或短裙配套穿着，给人一种青春活力之感。

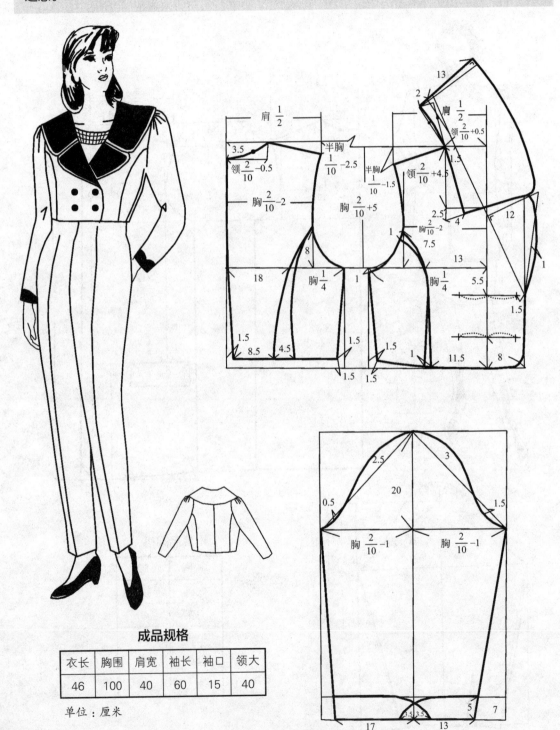

成品规格

衣长	胸围	肩宽	袖长	袖口	领大
46	100	40	60	15	40

单位：厘米

青果领中大衣

此款线条简练，式样新颖别致，是青年女性的理想时装款式。面料可用粗纺呢，色彩以鲜明为好。

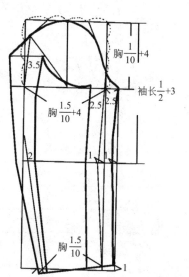

成品规格

衣长	胸围	肩宽	袖长	腰围	领大
86	102	41	54	41	40

单位：厘米

无领长袖短上衣

可配多层太阳裙穿着。穿着时前身敞开，露出太阳裙的鸡心，开门盖住胸部，给人既潇洒又典雅的感觉。

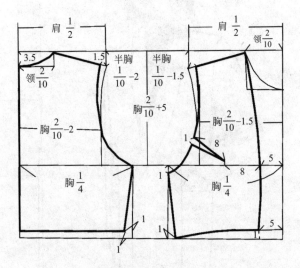

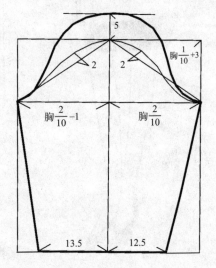

成品规格

衣长	39	胸围	100
肩宽	39	袖长	45
裙长	103	腰节	40

单位：厘米

无领短上衣

是配套用的上装，它一般不单独穿用，多配太阳裙。此款身长在腰节上，小刀背、小下摆，更增加了潇洒的效果。

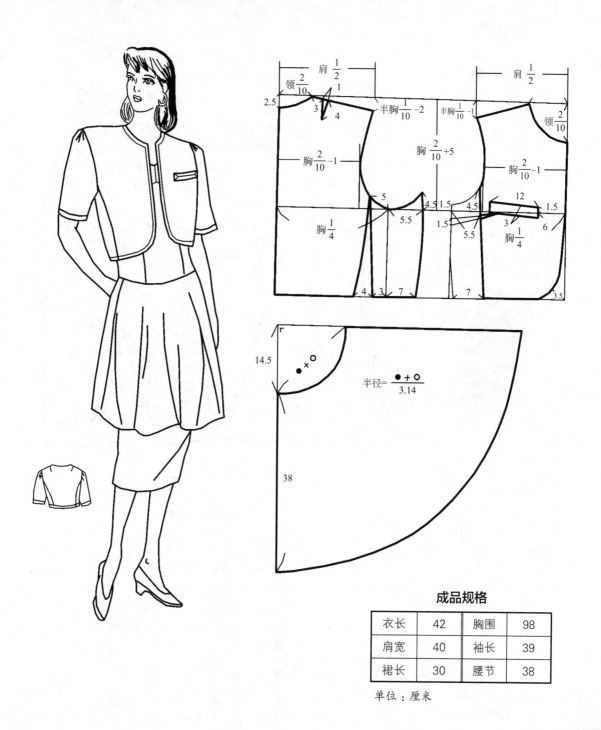

成品规格

衣长	42	胸围	98
肩宽	40	袖长	39
裙长	30	腰节	38

单位：厘米

裙式上衣

此款领型为青果式，双排扣，两个斜双开线插兜，从腰部往下加大，成裙式下摆。配以短裙可成为极好的春秋套装。

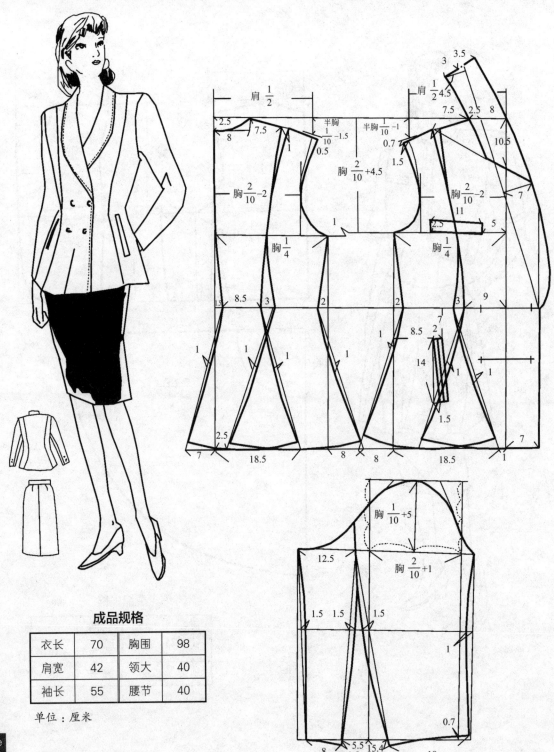

成品规格

衣长	70	胸围	98
肩宽	42	领大	40
袖长	55	腰节	40

单位：厘米

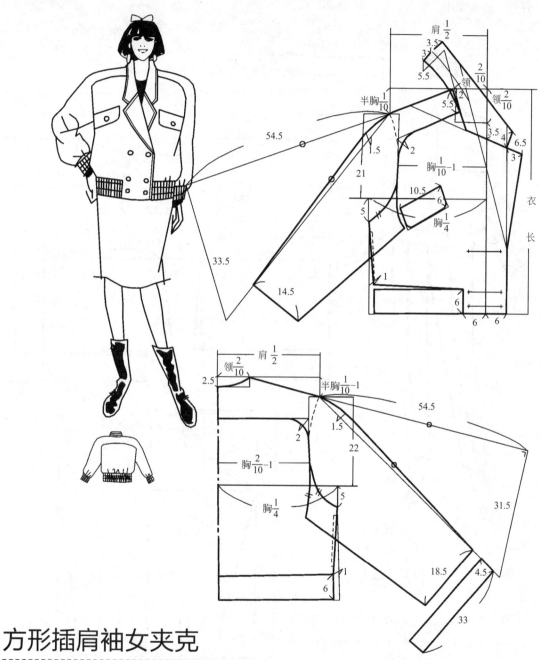

方形插肩袖女夹克

 此款为低驳西服领、插肩袖，袖口及下摆用松紧带，双排扣，前片胸上安两个假兜盖，侧缝安兜。款式既美观、新潮又实用。

成品规格

衣长	胸围	肩宽	袖长	领大
55	120	50	59	39

单位：厘米

小立领春秋夹克

此款为小立领，袖口及下摆绸板带。前后断开肩，领口下止口接拉锁，袖口捏褶，有开气，款式实用、美观。面料可用皮革等。

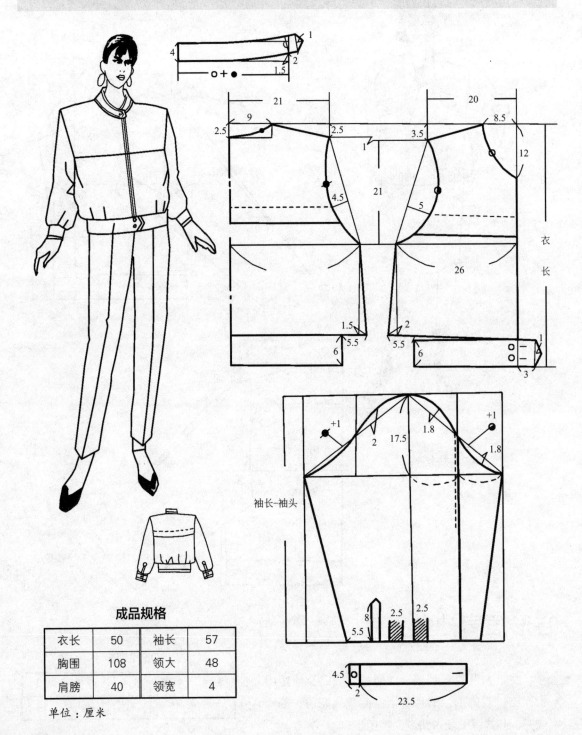

成品规格

衣长	50	袖长	57
胸围	108	领大	48
肩膀	40	领宽	4

单位：厘米

双排扣西服领夹克

此款双排扣，斜插兜，断开肩，下摆捏褶收紧，可穿一根腰带。面料选用素色纯棉布、呢料最佳。

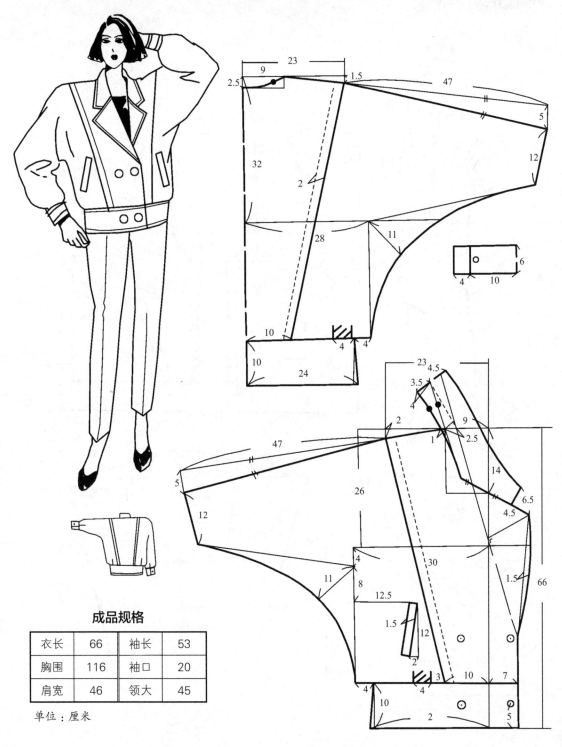

成品规格

衣长	66	袖长	53
胸围	116	袖口	20
肩宽	46	领大	45

单位：厘米

燕领拉锁式夹克

此款为小燕领，止口接拉锁，袖口和下摆安拉锁。两侧斜插兜、单开线，款式落落大方，实用美观，除了可以作时装穿用外，还可以作工作服。各种卡其布、纯棉布、灯芯绒均可制作。

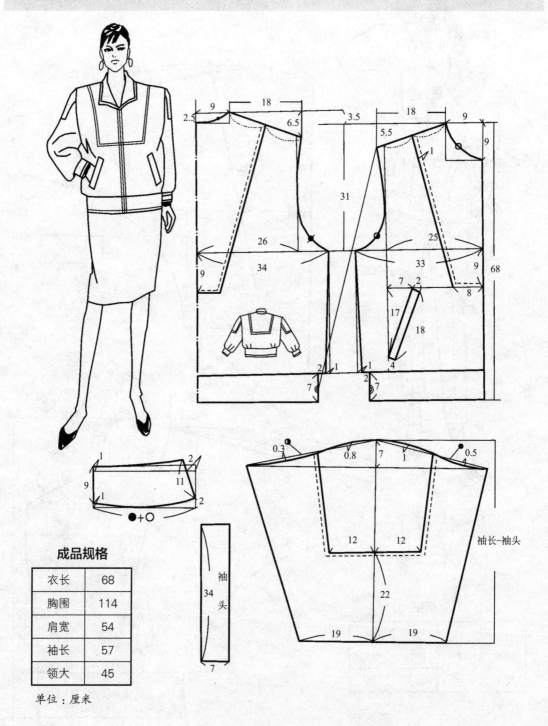

成品规格

衣长	68
胸围	114
肩宽	54
袖长	57
领大	45

单位：厘米

明扣插肩袖女夹克

此款为插肩袖，门襟钉明扣，单开线兜，款式普通大方，作为一般的生活装极为合适。

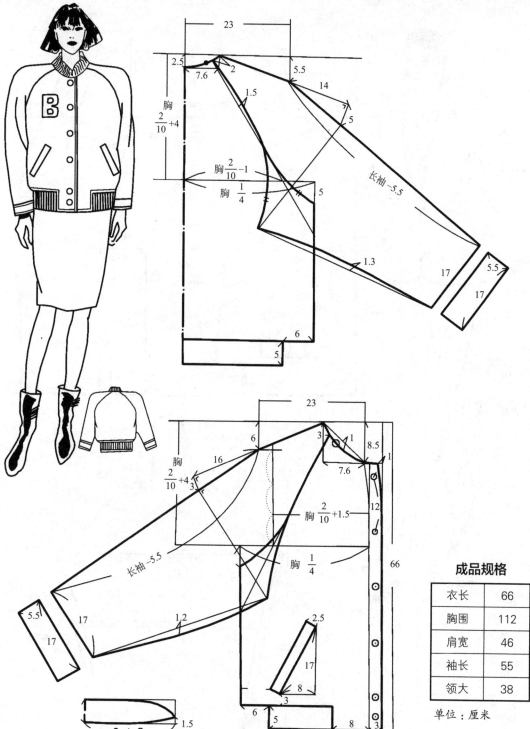

成品规格

衣长	66
胸围	112
肩宽	46
袖长	55
领大	38

单位：厘米

青果领春秋女夹克

此款为青果领，连肩袖，二粒扣，弧形开线兜，后片绷板带。款式实用、潇洒，面料可用粗格呢、涤纶卡其布、纯棉布等，非常适合女青年生活中穿用。

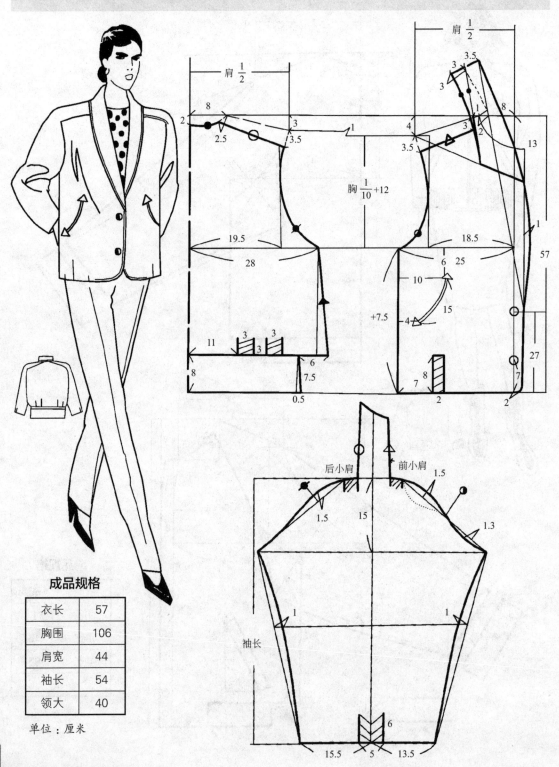

成品规格

衣长	57
胸围	106
肩宽	44
袖长	54
领大	40

单位：厘米

肩 $\frac{1}{2}$

胸 $\frac{1}{10}$ +12

后小肩　前小肩

袖长

商务女装的制板与裁剪

罗纹配料宽松女夹克

此款设计新颖独特，用罗纹和粗灯芯绒相配而成，双排扣，直插兜，袖子宽松舒适。面料还可以用皮革和罗纹相配，更具有新潮之感。颜色选用深棕色、黑色、深蓝均可。

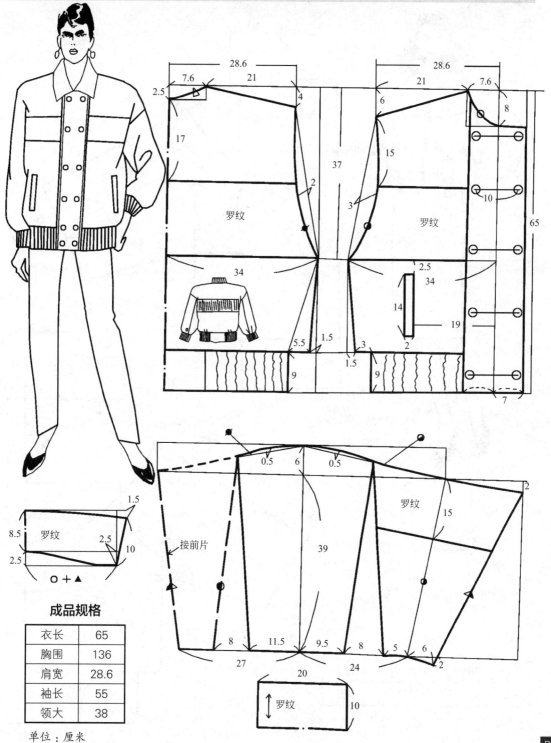

成品规格

衣长	65
胸围	136
肩宽	28.6
袖长	55
领大	38

单位：厘米

立领、肩借袖宽松夹克

此款领子、袖口、下摆均用罗口，披肩领，斜插兜，宽松舒适，款式简单，大方，适合春秋季女青年穿用。

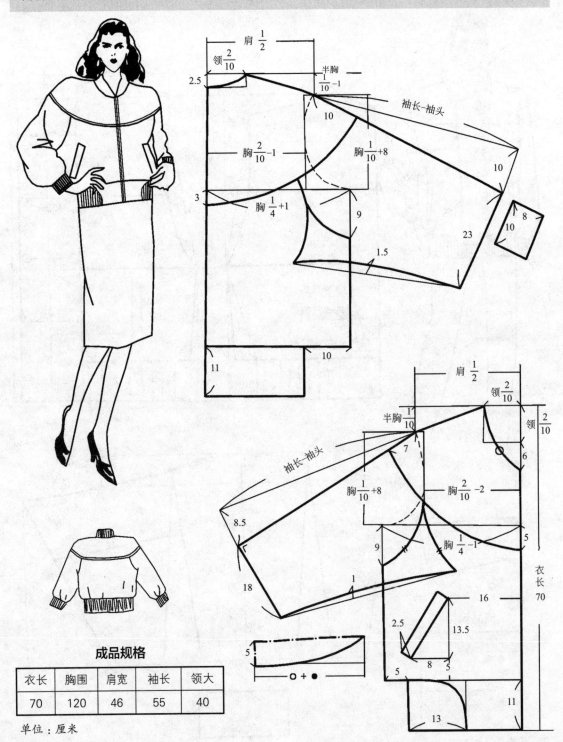

成品规格

衣长	胸围	肩宽	袖长	领大
70	120	46	55	40

单位：厘米

双排扣断开肩夹克

此款为双排扣，前后断开肩，款式新颖、穿着舒适。面料可选用各色灯芯绒、粗纺呢料。

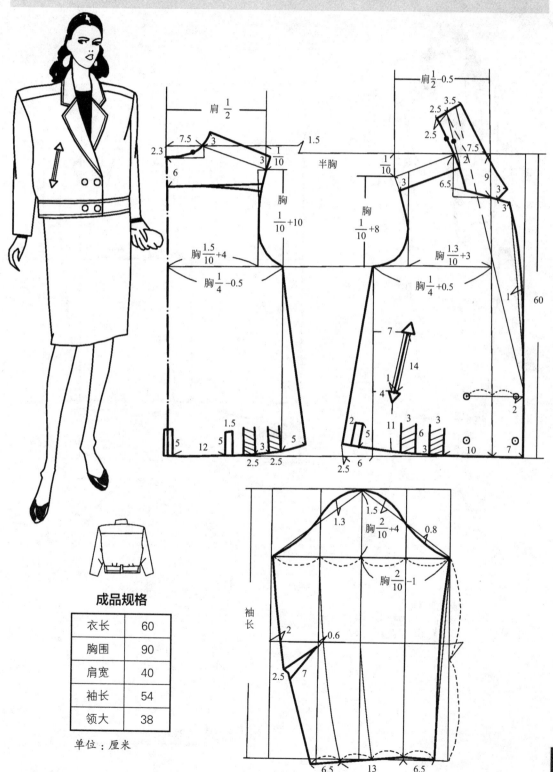

成品规格

衣长	60
胸围	90
肩宽	40
袖长	54
领大	38

单位：厘米

收腰裙式女夹克

此款低驳头收腰，下摆围裙式，左胸安手巾袋。面料可选用各色涤卡、纯棉布、灯芯绒等。

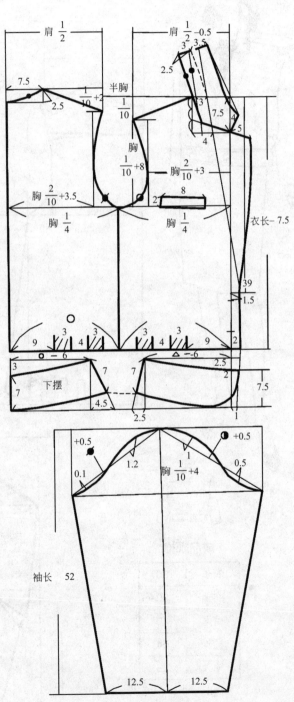

成品规格

衣长	58	袖长	52
胸围	90	袖口	25
肩宽	40	领大	38

单位：厘米

春秋旅游夹克

此款为西服领，三粒扣袖口，下摆绡板带，斜插兜前后破断片。款式潇洒大方、轻便实用。

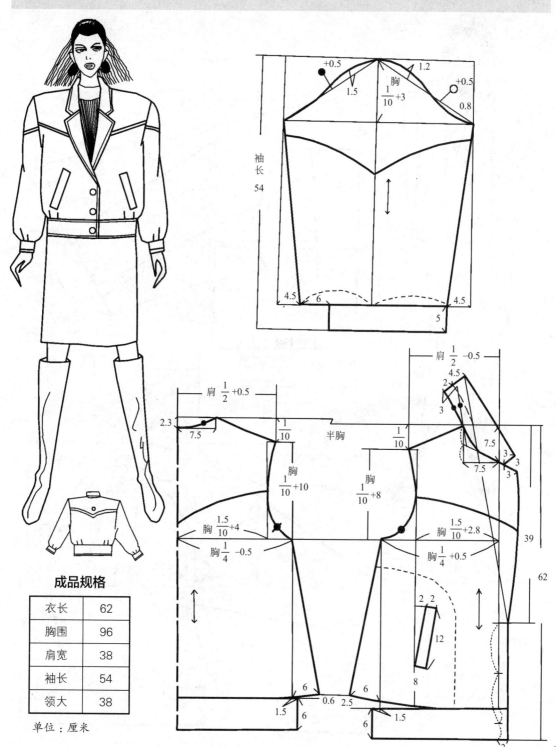

成品规格

衣长	62
胸围	96
肩宽	38
袖长	54
领大	38

单位：厘米

双排扣宽松女夹克

此款为低驳头，双排扣，斜插兜，后片连肩袖，袖口绱袖头。制作时可用各种纯棉布、尼龙绸及各色呢料等。

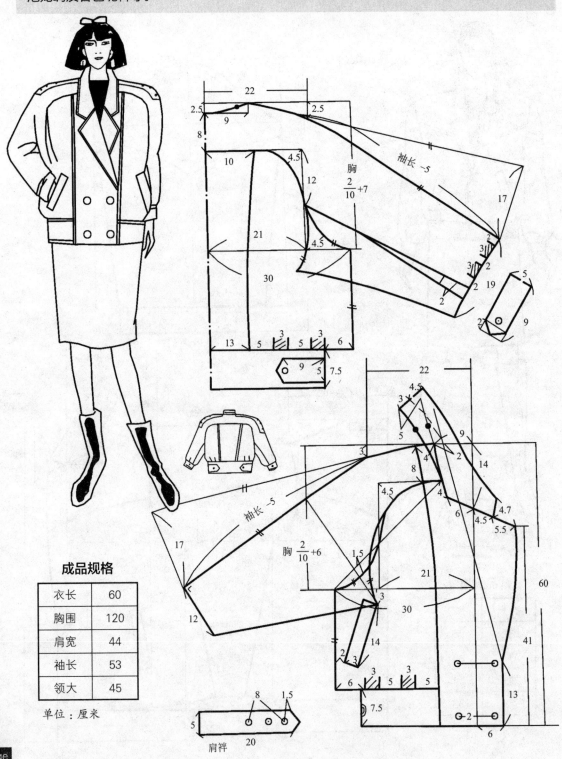

成品规格

衣长	60
胸围	120
肩宽	44
袖长	53
领大	45

单位：厘米

大宽松袖、双排扣女夹克

此款造型呈豆腐块型，大宽松插肩袖，前后斜断片，袖口及下摆绱板带，前片有单开线兜，后片斜断片。面料用较软的布料，如纯棉布、法兰绒、灯芯绒等。

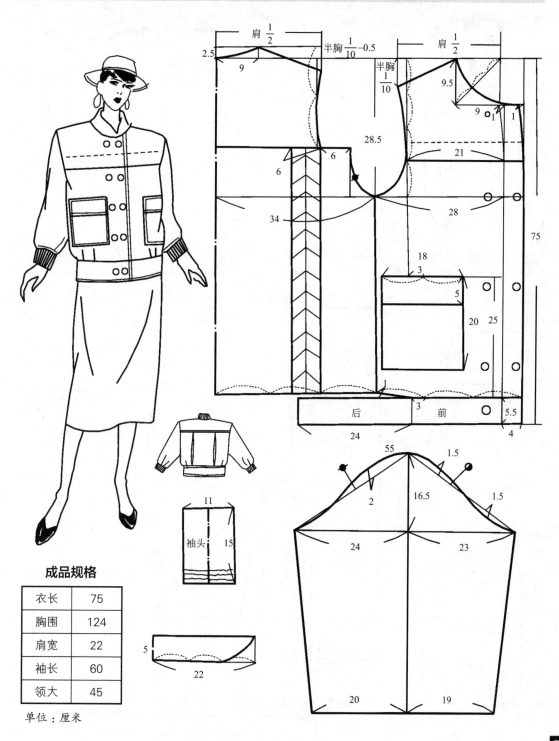

成品规格

衣长	75
胸围	124
肩宽	22
袖长	60
领大	45

单位：厘米

春秋季长城夹克

此款为开关领，四粒扣，两侧有长城断开缝，单开线兜，袖口与下摆绱板带。面料可选用涤卡、粗纺料。

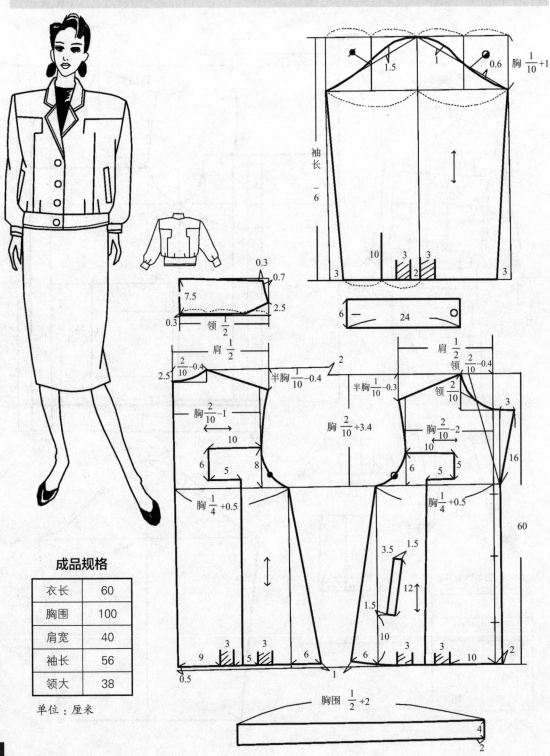

成品规格

衣长	60
胸围	100
肩宽	40
袖长	56
领大	38

单位：厘米

阔肩围领女夹克

此款阔肩，外翻贴边，宽下摆罗口，两个大贴兜。面料选用纯棉布、涤棉布、呢料等。

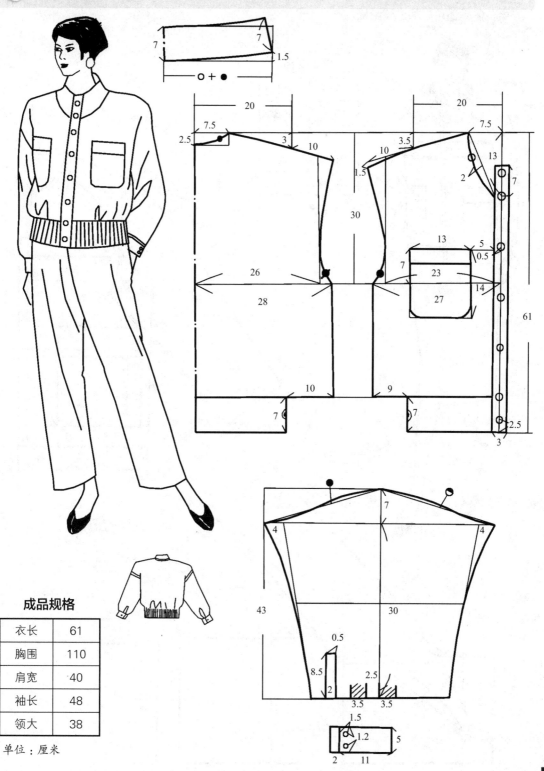

成品规格

衣长	61
胸围	110
肩宽	40
袖长	48
领大	38

单位：厘米

立领筒式夹克

此款插肩袖，立领，直筒式，两个大贴兜，前片明扣，绱板带。具有美观舒适的特点，如果秋冬季还可以加进腈纶棉。

成品规格

衣长	68
胸围	108
肩宽	46
袖长	60
领大	40

单位：厘米

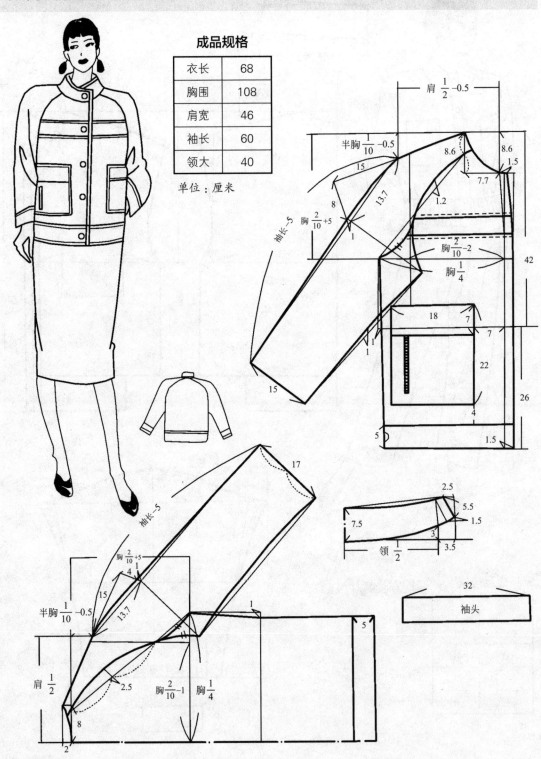

插肩袖立领夹克

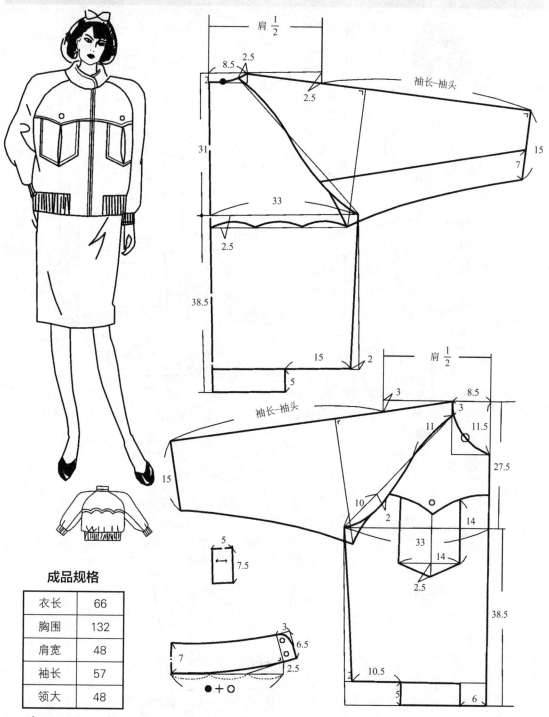

此款插肩袖，立领，前后断过肩，袖口、下摆用罗口，胸上绱尖型兜，门襟绱拉锁。面料用粗纺呢、格呢、纯棉布等。

肩 $\frac{1}{2}$

8.5
2.5
2
2.5
31
33
2.5
38.5
袖长－袖头
15
7
15
2
5

肩 $\frac{1}{2}$
3
8.5
3
11
11.5
27.5
袖长－袖头
10
2
14
33
14
2.5
15
38.5
10.5
2
5
6

5
7.5

3
6.5
7
2.5
●+○

成品规格

衣长	66
胸围	132
肩宽	48
袖长	57
领大	48

单位：厘米

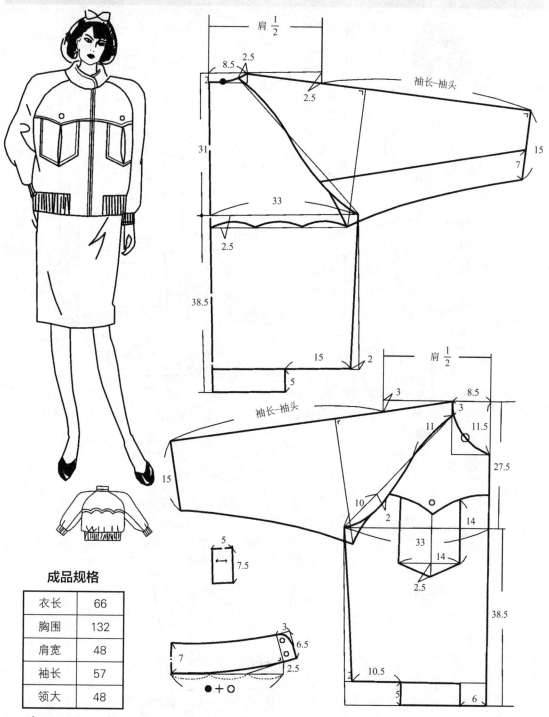

立领、外翻贴边夹克

此款之特点是袖连肩，袖头和下摆绱板带，立领、并缉花边，两个贴兜。款式随意大方，适合女青年外出穿着。面料可选较物美价廉的，使用尼龙绸加里子也可以。

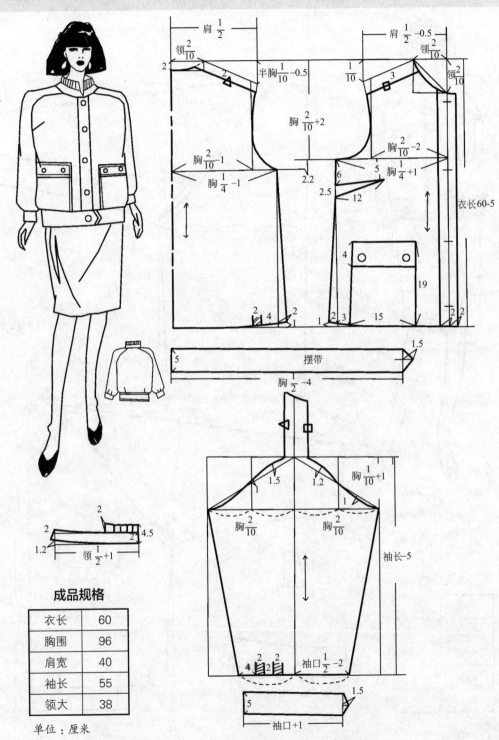

成品规格

衣长	60
胸围	96
肩宽	40
袖长	55
领大	38

单位：厘米

插肩袖女春秋夹克

此款为双排扣，低驳头西服领，斜插兜，衣长短，胸围大，肩绱肩绊，前后均断片。整个款式新颖，变化合理。面料可用各色呢料、粗纺料、纯棉布等，是女青年春秋季的极好便装。

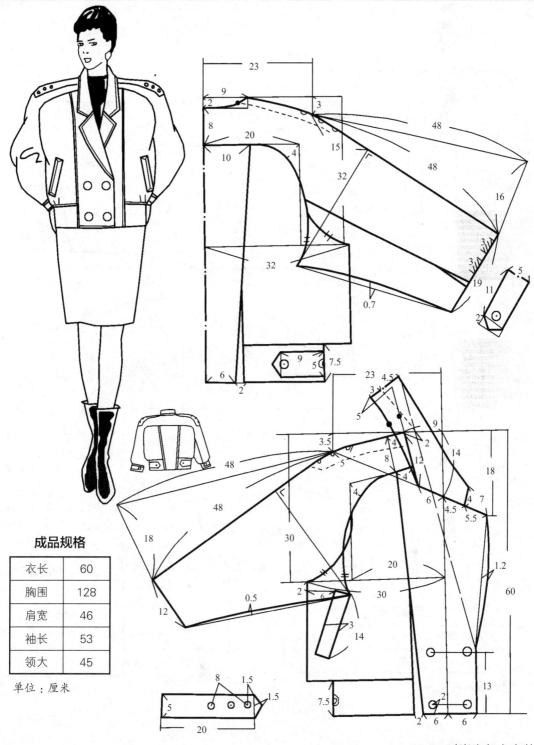

成品规格

衣长	60
胸围	128
肩宽	46
袖长	53
领大	45

单位：厘米

青果领中式袖女夹克

此款为青果领，双排扣，单开线兜，下摆缉线呈V形，袖子绱袖头。面料可选用灰色法兰绒、米色大衣呢等制作。

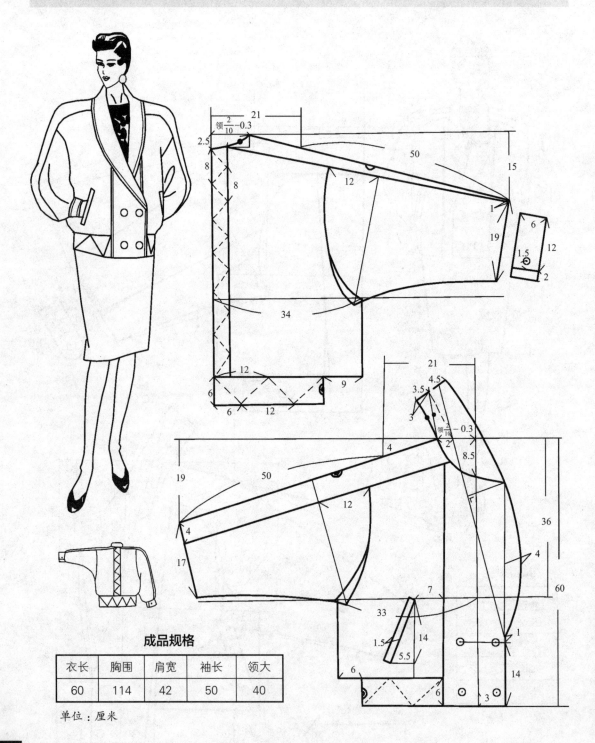

成品规格

衣长	胸围	肩宽	袖长	领大
60	114	42	50	40

单位：厘米

双排扣春秋女夹克

此款双排扣，斜插兜，袖口与下摆绱板带，后背断过肩，款式宽松舒适。面料可选用各色涤卡、纯棉布等。

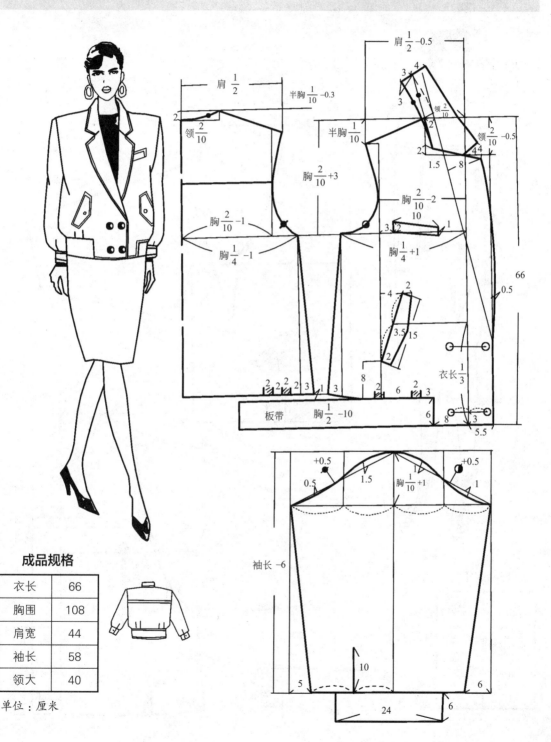

成品规格

衣长	66
胸围	108
肩宽	44
袖长	58
领大	40

单位：厘米

宽松筒式女夹克

此款特点是宽松，大插肩袖，双排扣，前后断过肩，直插兜，青年女性穿着潇洒大方。用各色粗纺呢料、呢料均可制作。

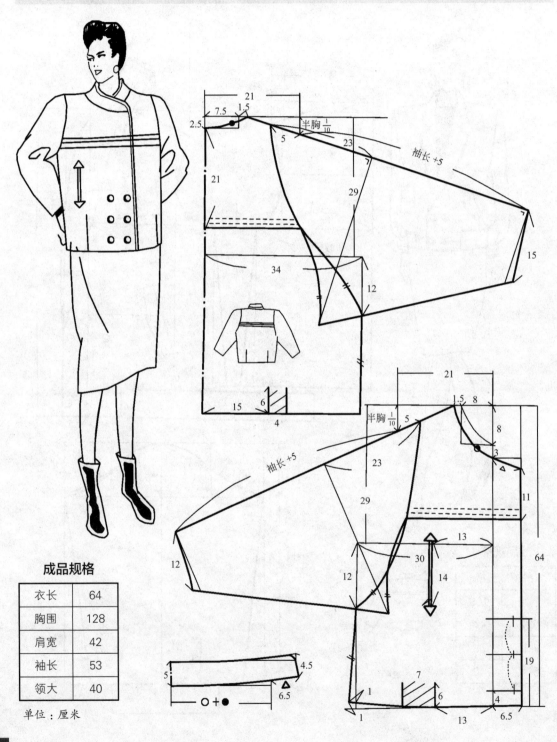

成品规格

衣长	64
胸围	128
肩宽	42
袖长	53
领大	40

单位：厘米

低驳头板带式女夹克

此款既可做女性时装，又可做职业服，低驳头，两粒大贴兜，敞袖口。各种纯棉、中长化纤料、涤卡均可制作。

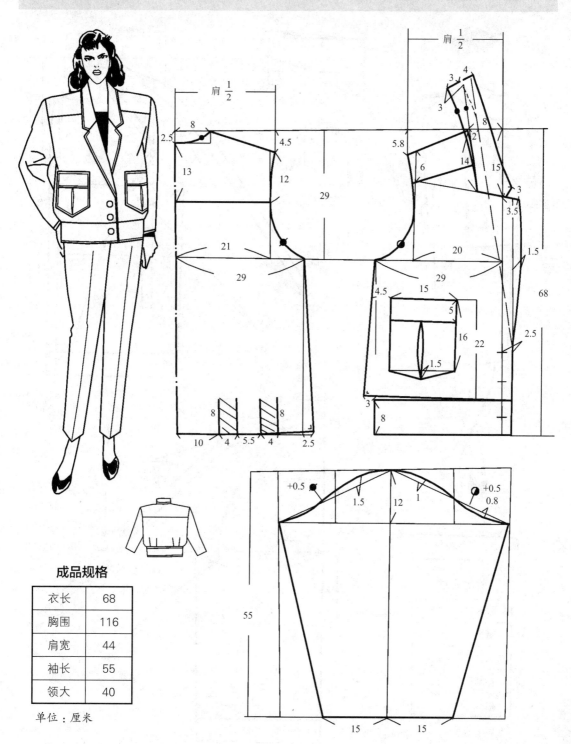

成品规格

衣长	68
胸围	116
肩宽	44
袖长	55
领大	40

单位：厘米

立领插肩袖女夹克

此款为立领，袖口下摆绱板带，直插兜，前片断开，前襟左止口钉扣。面料可用粗纺呢、格呢，适合初秋穿用。

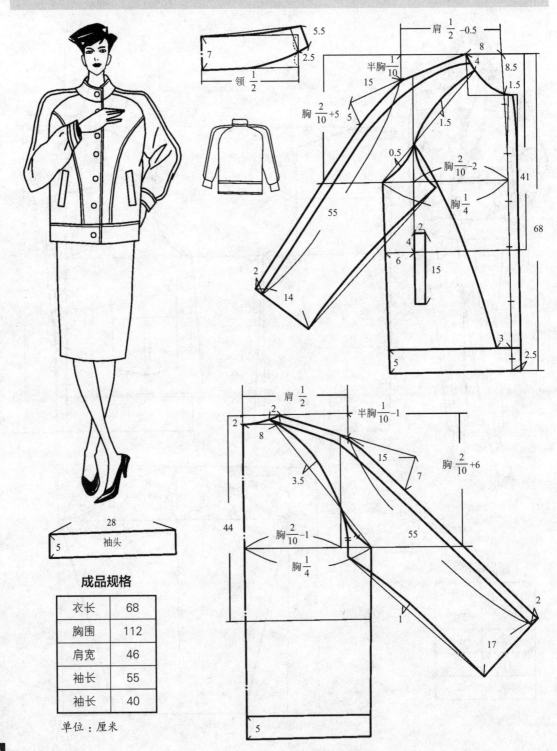

成品规格

衣长	68
胸围	112
肩宽	46
袖长	55
袖长	40

单位：厘米

潇洒式女短夹克

此款为大翻领，连肩袖，双排扣，袖口绱袖头，斜插兜，后片无大变化，下摆中间绲松紧带。各种纯棉布、涤卡布均可制作。

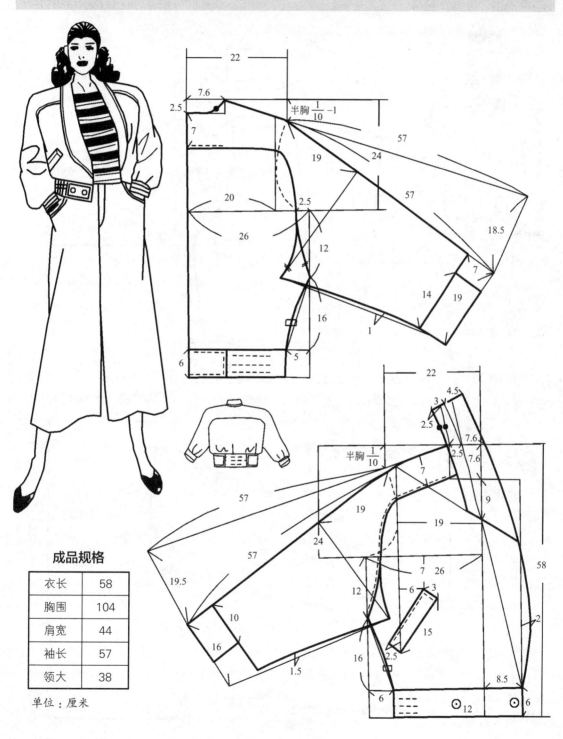

成品规格

衣长	58
胸围	104
肩宽	44
袖长	57
领大	38

单位：厘米

春秋板带式女夹克

此款为偏襟，袖口和下摆绲板带，袖子和胸围较宽松，后背接大过肩，后下摆缉松紧带，款式潇洒、大方。面料可选用各色纯棉布、涤卡等。

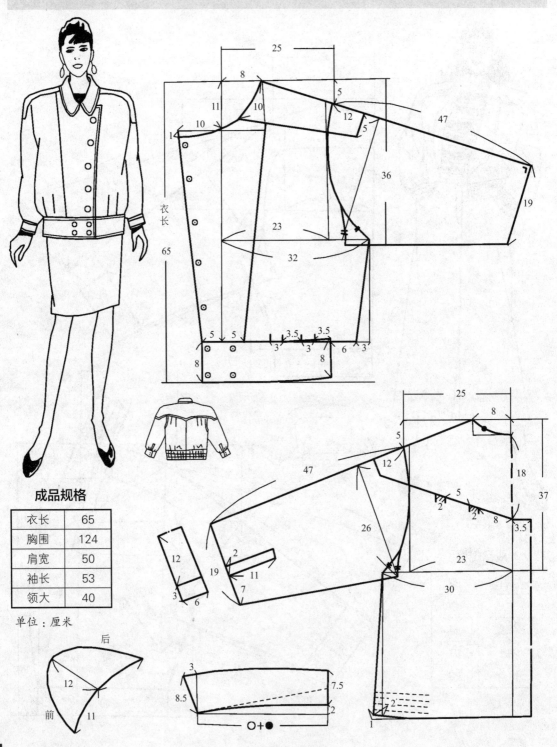

成品规格

衣长	65
胸围	124
肩宽	50
袖长	53
领大	40

单位：厘米

大翻领活腰带女夹克

此款为大翻领，袖笼裁剪成刀形，袖子为平背式，袖深浅，因此具有穿着舒适、造型新潮的特点。

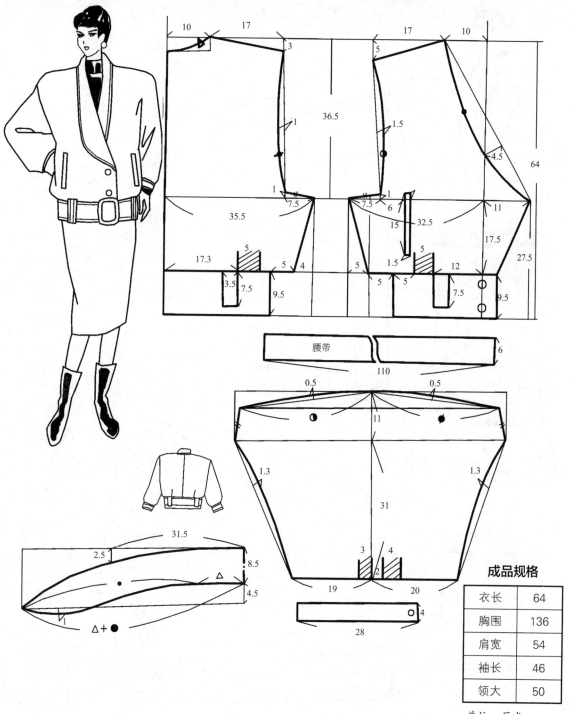

腰带

成品规格

衣长	64
胸围	136
肩宽	54
袖长	46
领大	50

单位：厘米

潇洒新潮女夹克

此款为双排扣，西服领，双开线兜，绱袖头，后背变化较大，款式独特，是非常受欢迎的女夹克。

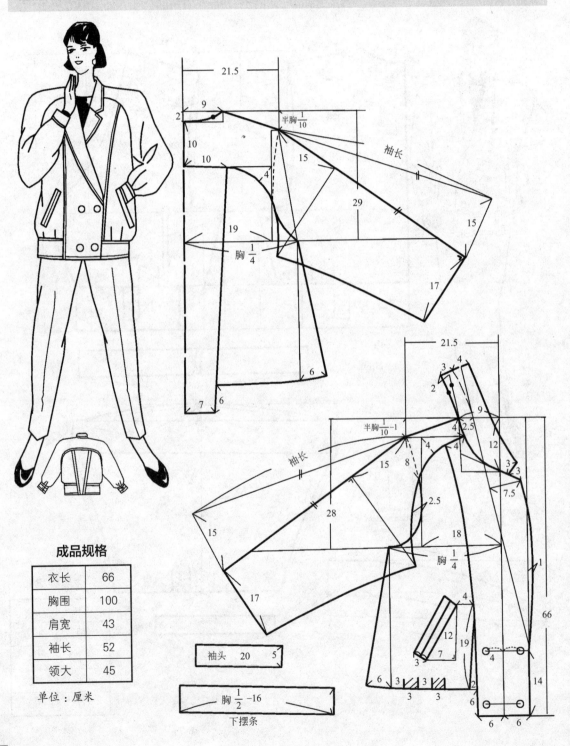

成品规格

衣长	66
胸围	100
肩宽	43
袖长	52
领大	45

单位：厘米

袖头　20　5

胸 $\frac{1}{2}$ −16

下摆条

春秋流行女夹克

此款式为插肩袖，双排扣，斜插兜，后片为尖式过肩，下摆绱板带，款式新颖。面料可选用各种薄呢料、纯棉布等。

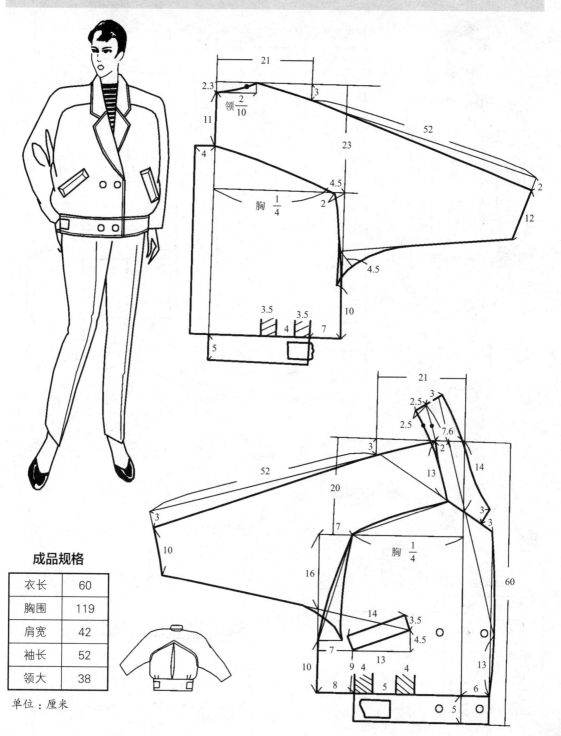

成品规格

衣长	60
胸围	119
肩宽	42
袖长	52
领大	38

单位：厘米

无领宽松夹克

此款无领，大袖笼，袖口下摆用松紧罗口，两个大贴兜，前片止口明扣、后片断三角过肩。面料可用拼色（二色）格呢、粗纺、中长化纤等。

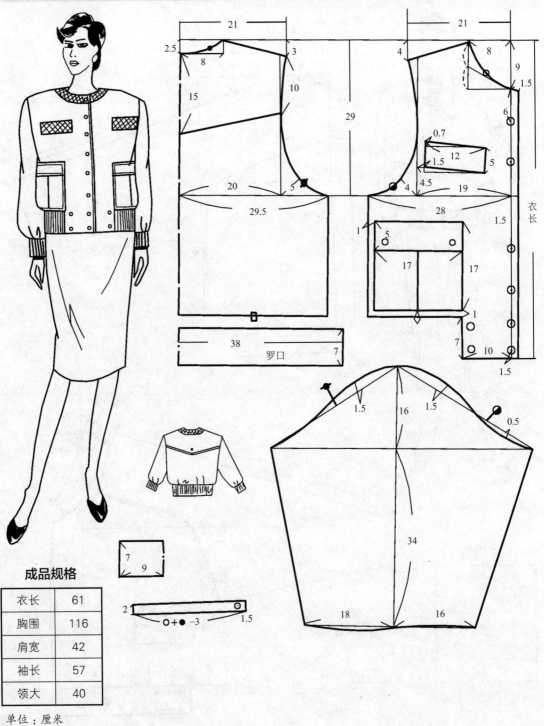

成品规格

衣长	61
胸围	116
肩宽	42
袖长	57
领大	40

单位：厘米

三开领夹克

此款双排扣，插肩袖；袖子的裁剪新颖，加上双明线，很有装饰性。面料以粗纺呢、化纤料为好。

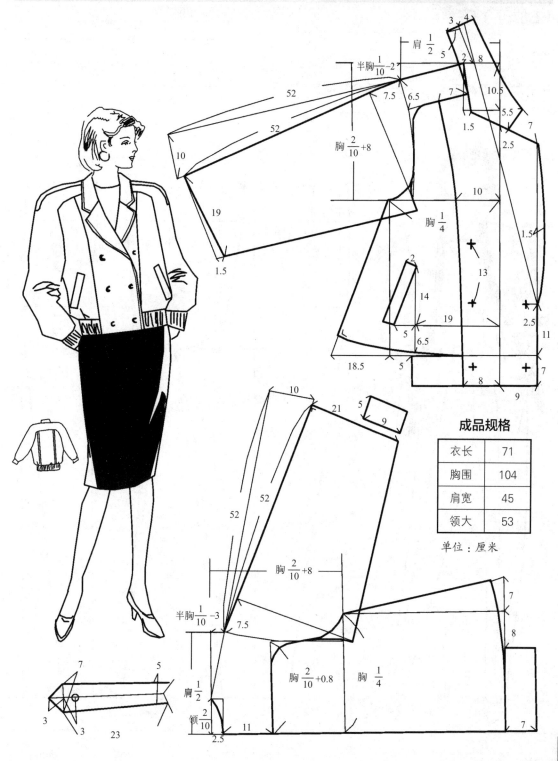

成品规格

衣长	71
胸围	104
肩宽	45
领大	53

单位：厘米

连腰青年裤

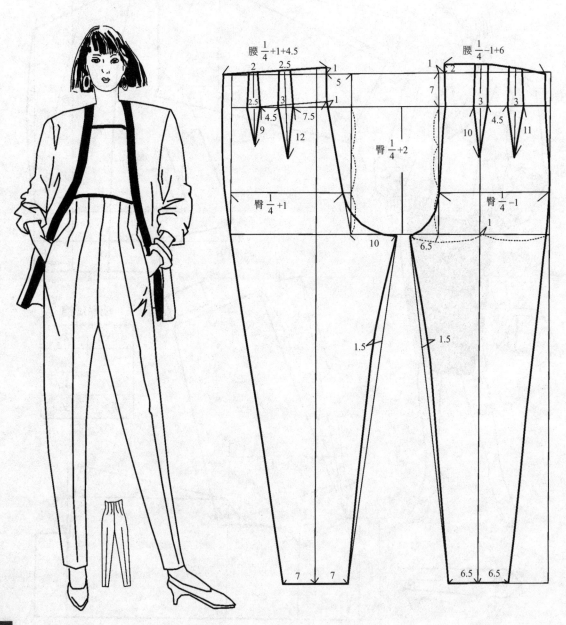

此款造型秀气、式样新颖，高腰是当今国际流行式样。面料可用毛、化纤、T/C等较挺的面料。

成品规格

裤长	107	腰围	68
臀围	100	裤口	29

单位：厘米

腰 $\frac{1}{4}$+1+4.5

腰 $\frac{1}{4}$-1+6

臀 $\frac{1}{4}$+2

臀 $\frac{1}{4}$+1

臀 $\frac{1}{4}$-1

2 2.5 1
5
2.5 3 1
4.5 7.5
9 12

1 2
7
3 3
10 4.5 11

10
6.5
1

1.5 1.5

7 7
6.5 6.5

连腰萝卜裤

◀ 此款腰头两侧加小襻，可松可紧，方便、实用。面料可用女士呢等薄型软粗纺呢。

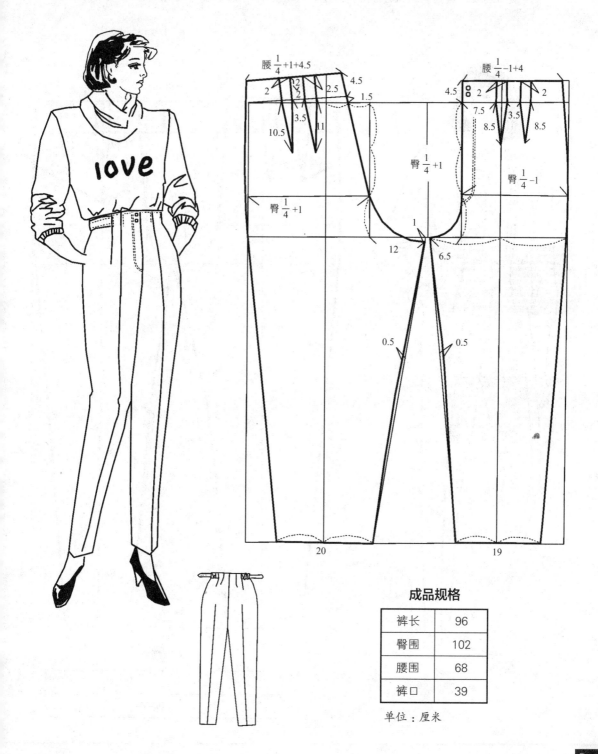

腰 $\frac{1}{4}$ +1+4.5

2 2 2 2.5 4.5

1.5

10.5 3.5 11

臀 $\frac{1}{4}$ +1

臀 $\frac{1}{4}$ +1

12 1

0.5 0.5

20

腰 $\frac{1}{4}$ -1+4

4.5 2 2

7.5

8.5 3.5 8.5

臀 $\frac{1}{4}$ +1

臀 $\frac{1}{4}$ -1

6.5

19

成品规格

裤长	96
臀围	102
腰围	68
裤口	39

单位：厘米

连腰式长裤

此款呈A形，下口小，给人一种秀丽之感，两个斜插兜，显示青春的活力，前面接线的地方线缉明线，更富有时代感。面料可用毛、化纤、T/C、楼梯布等。

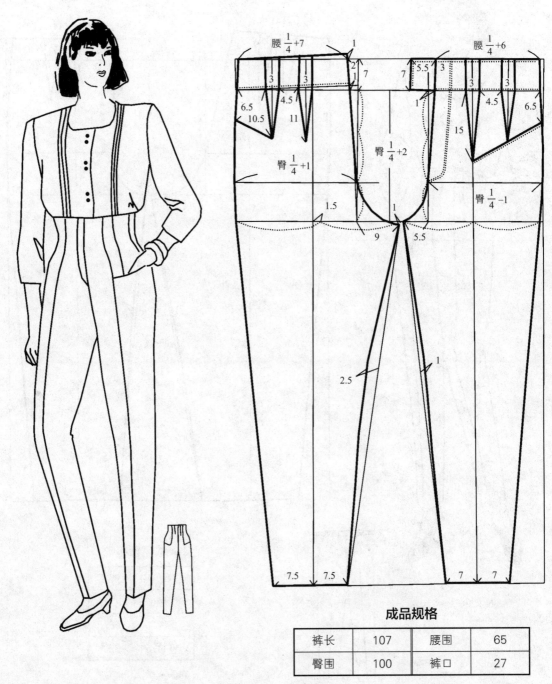

腰 $\frac{1}{4}$ +7   1
3   3
6.5 4.5
10.5 11
臀 $\frac{1}{4}$ +1

2
7   7   5.5   3
1
15
1
臀 $\frac{1}{4}$ +2
腰 $\frac{1}{4}$ +6
3   3
4.5 6.5
臀 $\frac{1}{4}$ -1

1.5   1
9   5.5
2.5   1

7.5   7.5   7   7

成品规格

裤长	107	腰围	65
臀围	100	裤口	27

单位：厘米

办公室职业裙装

偏搭门女裙

此款前开门，前下摆处有开叉，开门处三粒明扣，右侧一个斜兜。造型别致，式样新颖，面料可用薄型粗花呢等。

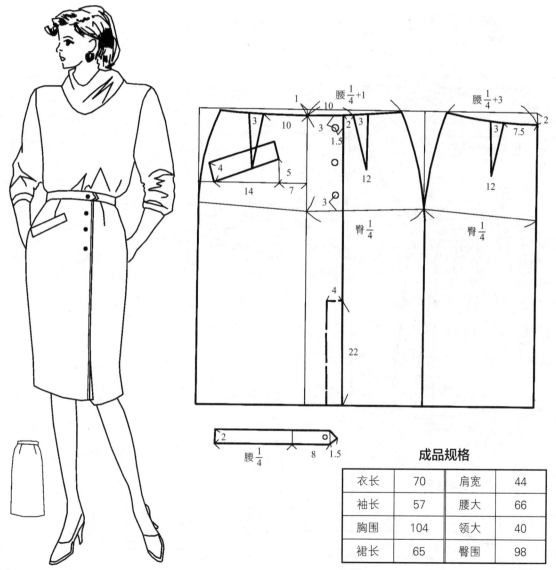

成品规格

衣长	70	肩宽	44
袖长	57	腰大	66
胸围	104	领大	40
裙长	65	臀围	98

单位：厘米

盆式披肩领连衣裙

式样美观，造型豪华。用软缎、纱作为面料可制成结婚礼服；用双绉料制作，可作为生活装或晚礼服。色彩以明快为好。

成品规格

裙长	胸围	肩宽	领大	腰围	衣长
100	100	40	40	40	35

单位：厘米

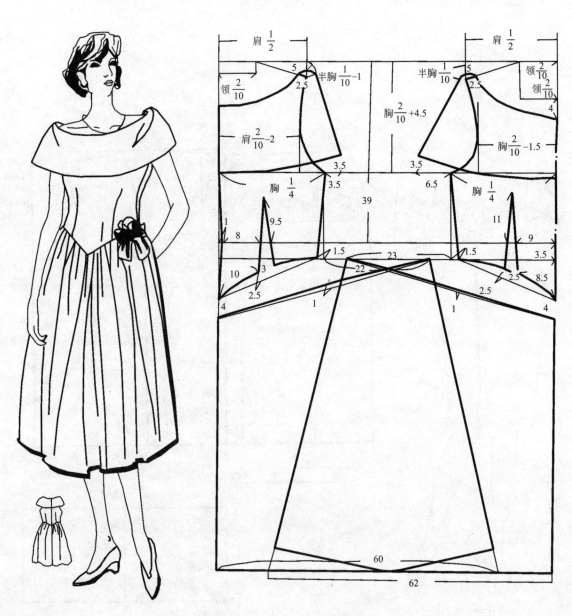

瓶式连衣裙

盆领形成瓶口，腰节以上为瓶颈，整个造型为瓶式。领料可区别于大身，以突出其变化的特点。

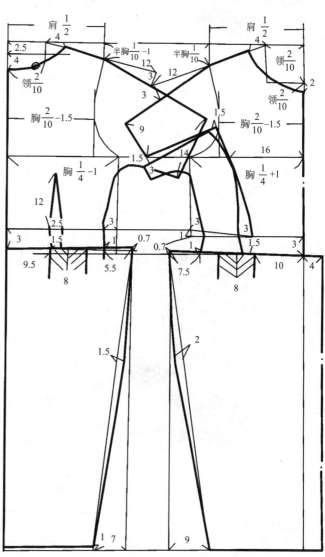

成品规格

衣长	110
胸围	98
肩宽	39
领大	40
腰节	39

单位：厘米

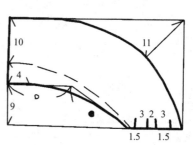

大披肩连衣裙

式样新颖，披肩可做活也可做死。裙子无领无袖，下摆往下倒褶10.5厘米宽后有8厘米宽的抽褶裙，一个大蝴蝶系在左侧。是一件艺术性很高的晚礼服。

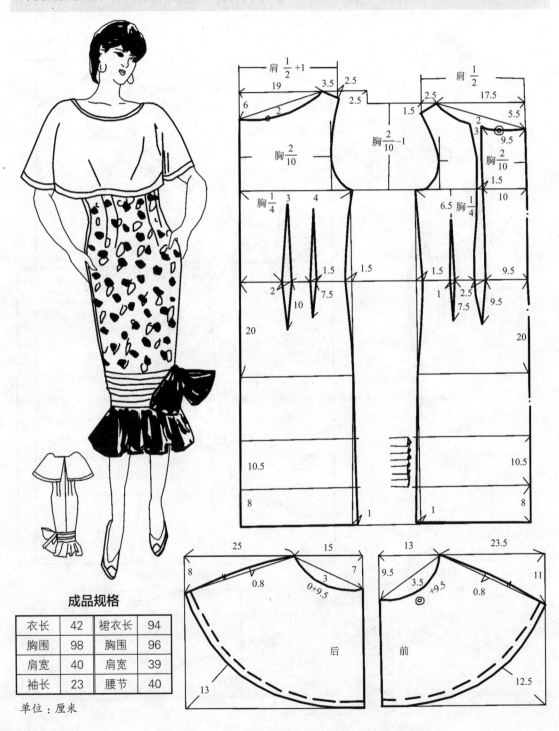

成品规格

衣长	42	裙衣长	94
胸围	98	胸围	96
肩宽	40	肩宽	39
袖长	23	腰节	40

单位：厘米

双排扣断腰节连衣裙

上身通天省加腰省使腰身收细，呈现女性曲线美。双排扣具有较浓的装饰性。一条宽腰节缝，使上下身的变化得到协调。面料以较挺括的麻涤为好。

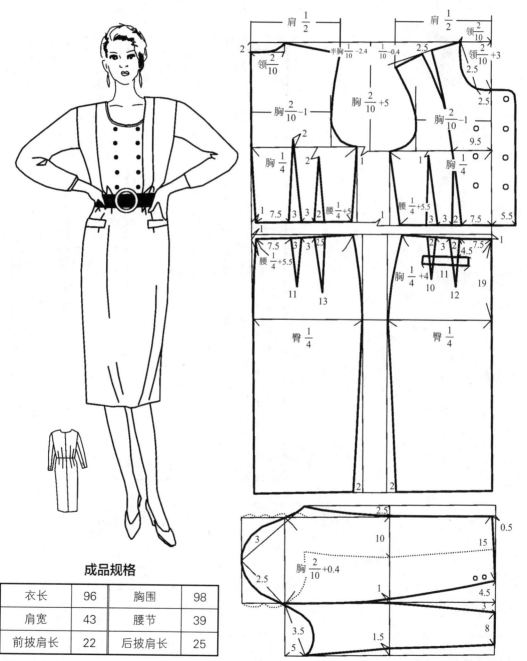

成品规格

衣长	96	胸围	98
肩宽	43	腰节	39
前披肩长	22	后披肩长	25

单位：厘米

低下摆裙式连衣裙

此款线条简练，但式样新颖，前后身刀背省，在臀部下边接抽褶裙，给人一种潇洒飘逸感。

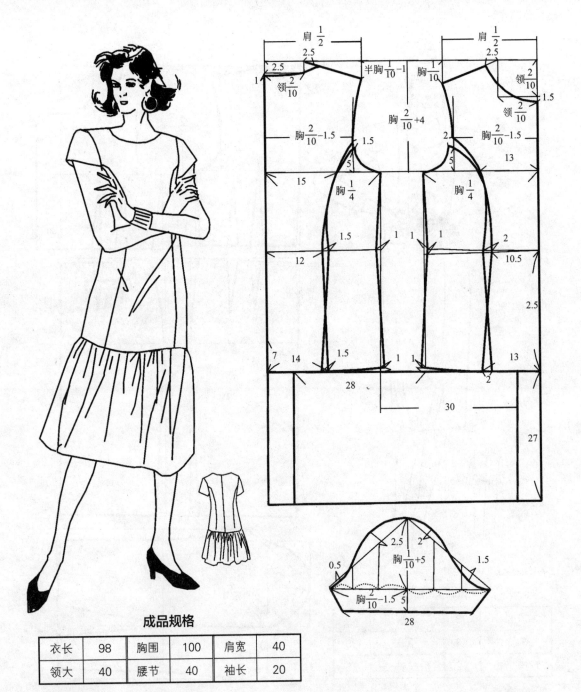

成品规格

衣长	98	胸围	100	肩宽	40
领大	40	腰节	40	袖长	20

单位：厘米

背带式连衣裙

前胸呈桃形，后身呈方形，裙子有四个对褶，款式简练而大方。面料适合选用大花型面料。

成品规格

裙长	100	胸围	100
肩宽	40	领大	40
腰节	40	臀围	102

单位：厘米

礼服式连衣裙

🔹 造型简练大方，主要变化在袖子上，用线抽成泡泡状，加上宽腰带，给人豪华的感觉，如果选用闪亮的面料就可作为晚礼服穿用。

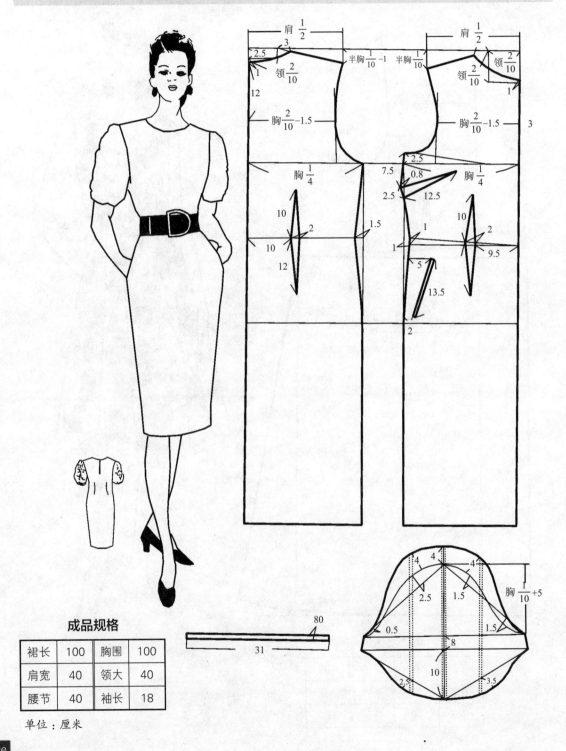

成品规格

裙长	100	胸围	100
肩宽	40	领大	40
腰节	40	袖长	18

单位：厘米

无领连衣裙

前身蝴蝶结，有较强的装饰性，蓬蓬袖与之相呼应，前后身的通天省，可使着装者显苗条秀丽。面料以双绸料为佳。

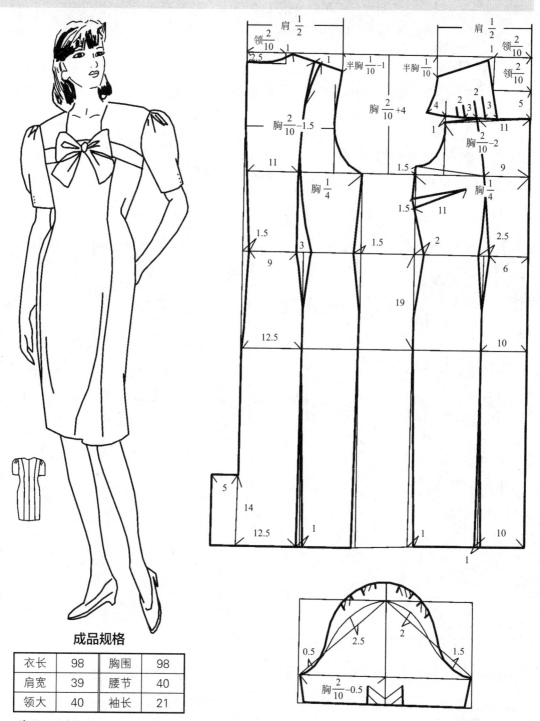

成品规格

衣长	98	胸围	98
肩宽	39	腰节	40
领大	40	袖长	21

单位：厘米

旗袍式连衣裙

领、袖口处使用异色料相拼增加艺术效果。前后身刀背省，可使体型显修长，后身中央小开叉，以方便行动。面料可用双绉或麻纺。

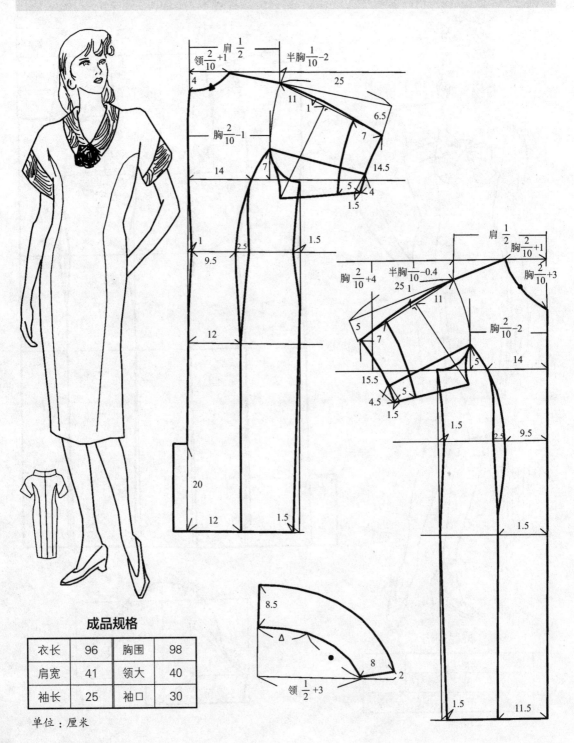

成品规格

衣长	96	胸围	98
肩宽	41	领大	40
袖长	25	袖口	30

单位：厘米

抹胸式太阳裙

无领无袖小下摆，类似旗袍而无开叉。在背部围短裙，配上无领小上衣即成套装。

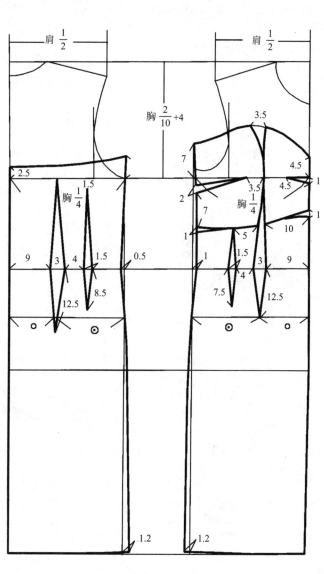

成品规格

衣长	100
胸围	96
腰节	39

单位：厘米

连衣裙裤

西服领，下身连短裤，后身上衣下摆在外，给人两件的视觉效果。面料可用T/C或麻涤混纺，色彩以浅色如白、浅灰等为佳。

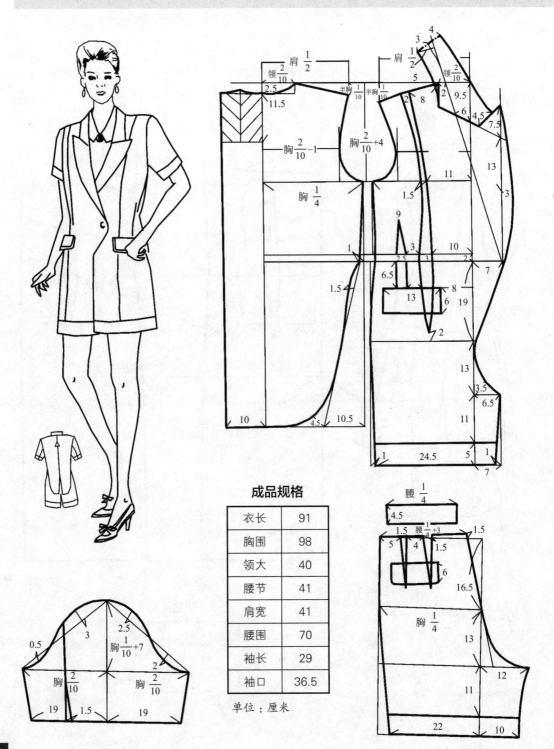

成品规格

衣长	91
胸围	98
领大	40
腰节	41
肩宽	41
腰围	70
袖长	29
袖口	36.5

单位：厘米

收腰身双排扣连衣裙

西服领，刀背省，两个斜挖兜，给人一种典雅大方的效果。面料可用T/C及麻纺。

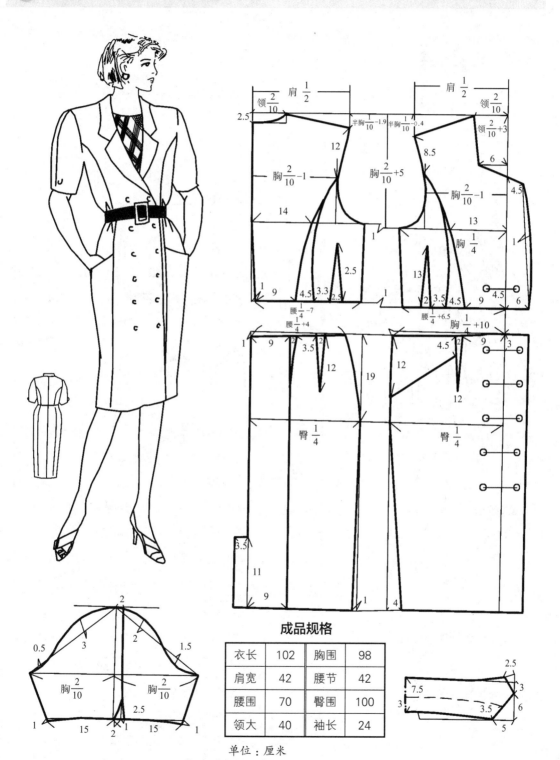

成品规格

衣长	102	胸围	98
肩宽	42	腰节	42
腰围	70	臀围	100
领大	40	袖长	24

单位：厘米

多层太阳裙

紧身裹胸，可充分展示身体的曲线，鸡心式开门加上鸡心式腰节协调而别致。

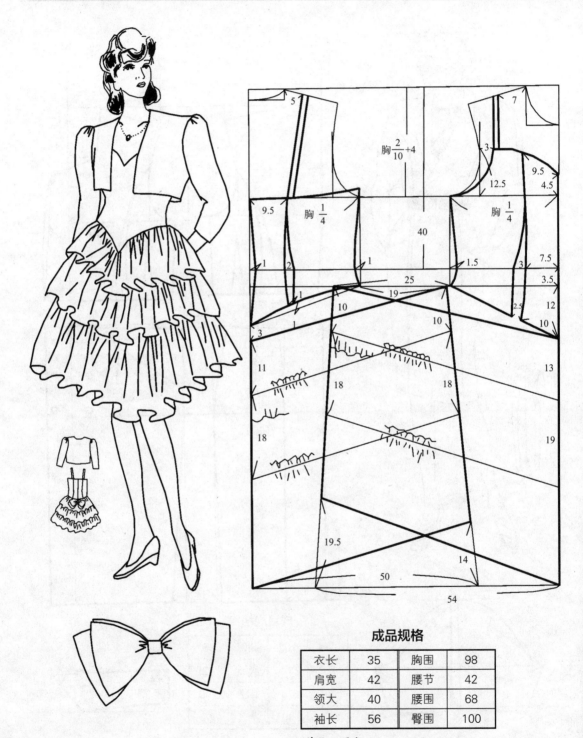

$胸\frac{2}{10}+4$

$胸\frac{1}{4}$

$胸\frac{1}{4}$

5

7

9.5

12.5

4.5

3

9.5

40

1

2

1

1.5

3

7.5

25

3.5

19

2.5

12

10

10

10

3

11

13

18

18

19

18

19.5

14

50

54

成品规格

衣长	35	胸围	98
肩宽	42	腰节	42
领大	40	腰围	68
袖长	56	臀围	100

单位：厘米

前开对襟连衣裙

两袖掐褶，能收能张，活泼而富有时代感。两条长省，显体型秀美。

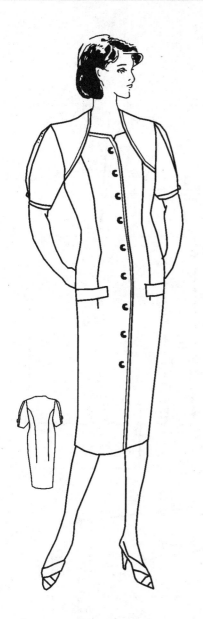

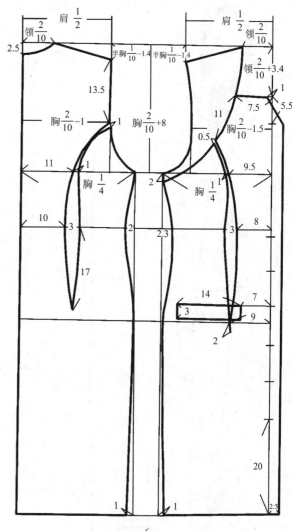

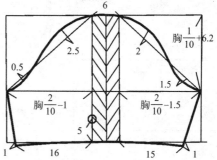

成品规格

衣长	100	胸围	98
肩宽	39	腰节	39
领大	38	袖长	27

单位：厘米

小下摆式卡裙

造型呈"V"字形，前后身通天刀形省起到了点缀的作用。面料可用粗纺素呢、格呢。

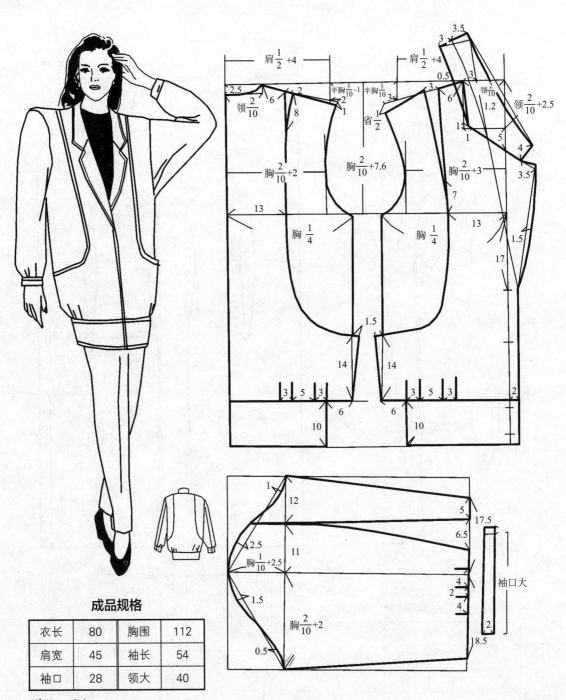

成品规格

衣长	80	胸围	112
肩宽	45	袖长	54
袖口	28	领大	40

单位：厘米

无领紧腰身连衣裙

线条简洁，款式大方，袖子根部添加了起伏的暗缝裥，增加了艺术的效果。面料适于厚质的软料。

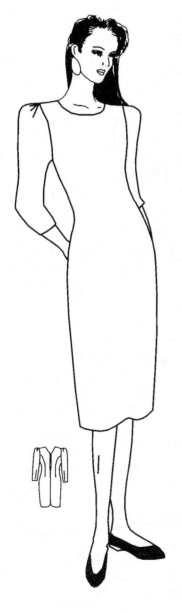

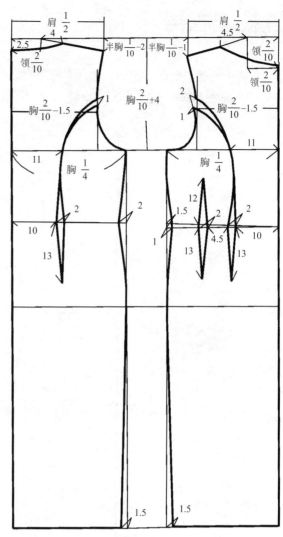

肩 $\frac{1}{4}$　$\frac{1}{2}$　　肩 $\frac{1}{2}$　$\frac{1}{4.5}$

2.5　领 $\frac{2}{10}$　半胸 $\frac{1}{10}-2$　半胸 $\frac{1}{10}-1$　领 $\frac{2}{10}$　领 $\frac{2}{10}$

胸 $\frac{2}{10}-1.5$　1　胸 $\frac{2}{10}+4$　2　胸 $\frac{2}{10}-1.5$
1　　1

11　胸 $\frac{1}{4}$　胸 $\frac{1}{4}$　11

2　2　12　1.5　2
10　1　4.5　10

13　13　13

1.5　1.5

成品规格

衣长	104
胸围	100
肩宽	40
领大	40
腰节	40
袖长	52

单位：厘米

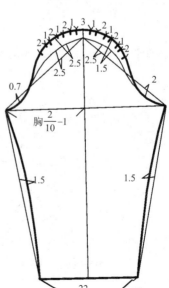

2 1 2 1 3 1 2 1 2
2 1.5　　1.5 2
2.5 2.5 2.5 1.5
0.7　　　　　2
胸 $\frac{2}{10}-1$
1.5　　　　　1.5
22

连袖连衣裙

腋下宽松、舒适，便于活动。裙前身的三个斜褶给偏门圆下摆增加极大的趣味性，加上一条装饰性腰带，给人以美的享受。

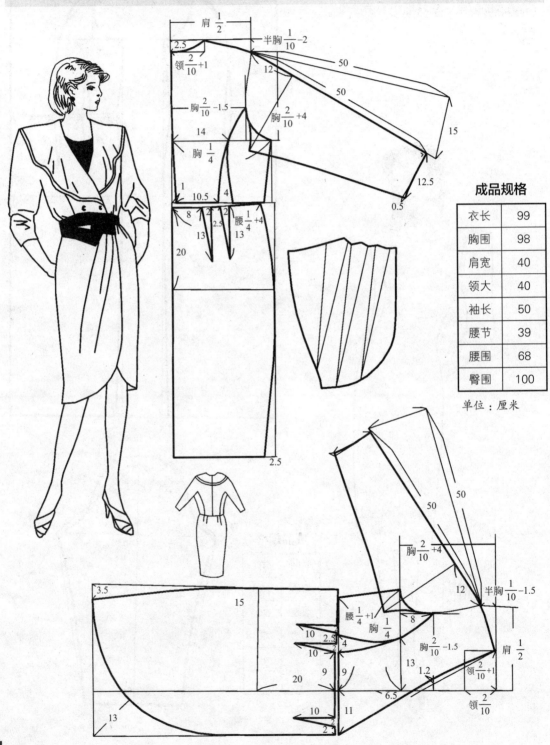

成品规格

衣长	99
胸围	98
肩宽	40
领大	40
袖长	50
腰节	39
腰围	68
臀围	100

单位：厘米

商务时尚大衣

牛角扣轻便式大衣

扣采用牛角料加皮襻，高雅而耐用；可拆卸帽子实用而美观；领子为小窄低领，外观造型挺拔。面料可选用松软粗纺呢。

成品规格

衣长	86	领大	40
胸围	102	袖长	55
肩宽	42	袖口	14

单位：厘米

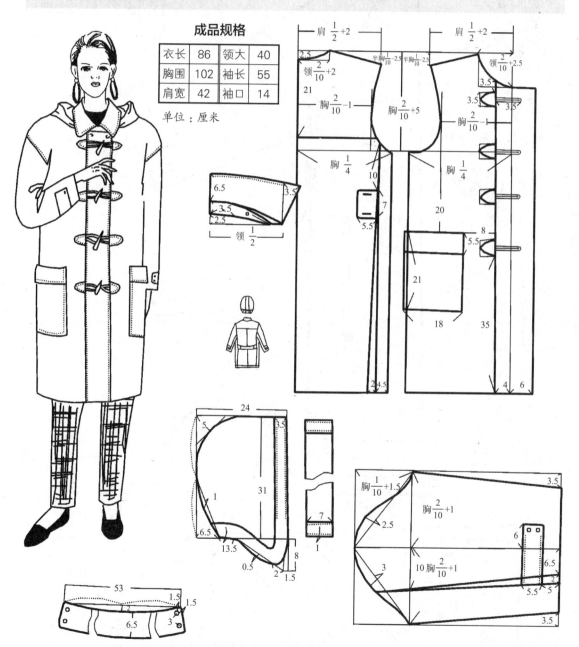

披肩式风衣

前身右侧有活育克，增强时装效果。肩襻、袖襻可增加活泼、潇洒的效果。后背大三角育克以及双排扣给人一种男子阳刚的气派。

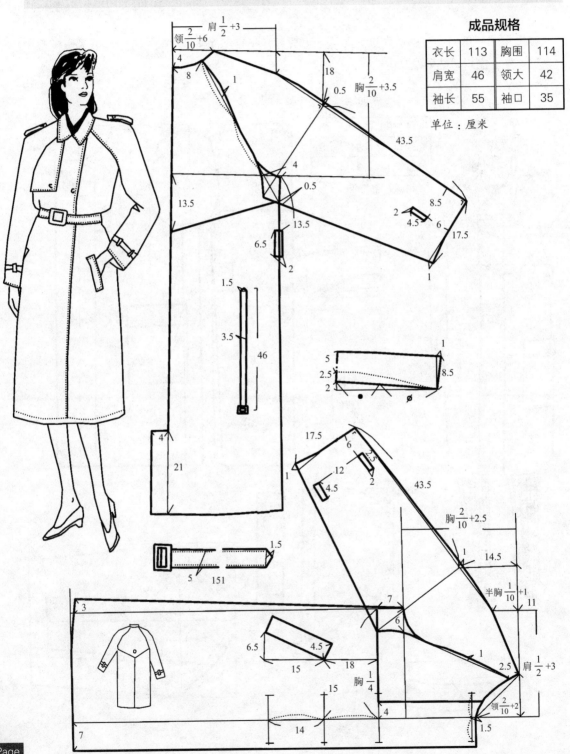

成品规格

衣长	113	胸围	114
肩宽	46	领大	42
袖长	55	袖口	35

单位：厘米

连帽式中大衣

双排扣，插肩袖的造型可提高穿着舒适感。腰部松紧设计使服装的保暖性得到加强。帽子披在后背时，前身给人大披肩领的感觉，潇洒、粗犷。面料可选用纯涤、棉、T/C涤内絮蓬松棉。

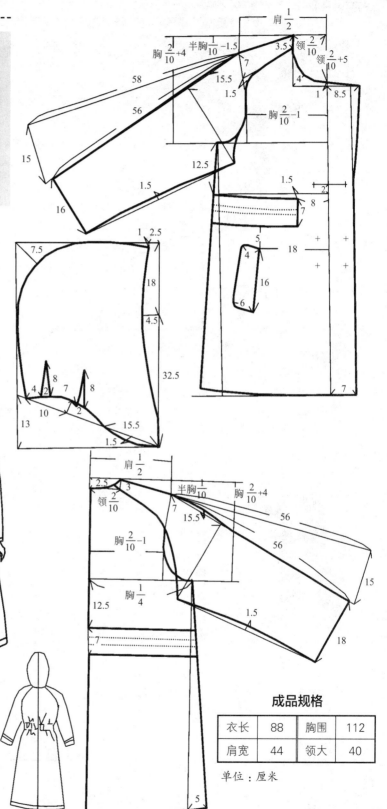

成品规格

衣长	88	胸围	112
肩宽	44	领大	40

单位：厘米

连插袖长大衣

袖子的裁法新颖别致，有极高的艺术效果。领子可用其他颜色，领子下系蝴蝶结。面料可用各种薄、厚粗纺呢。

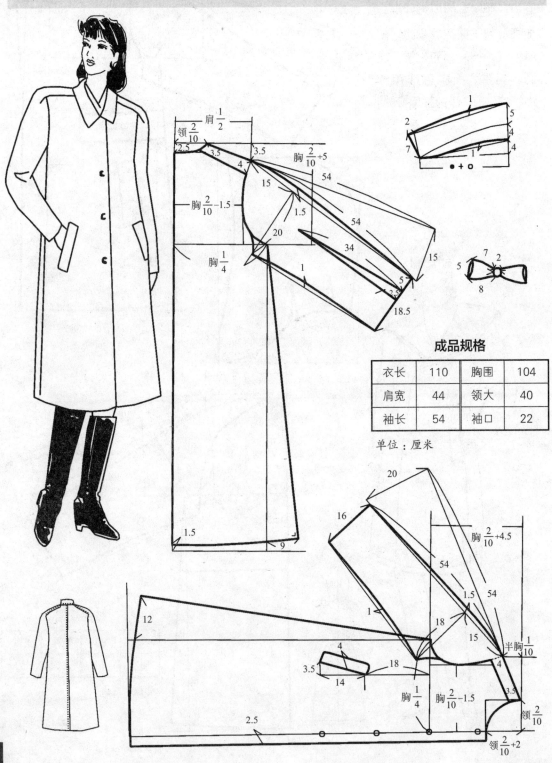

成品规格

衣长	110	胸围	104
肩宽	44	领大	40
袖长	54	袖口	22

单位：厘米

宽松式长大衣

三开领、单排扣，大下摆。舒适、大方，面料可选各种粗纺毛呢。

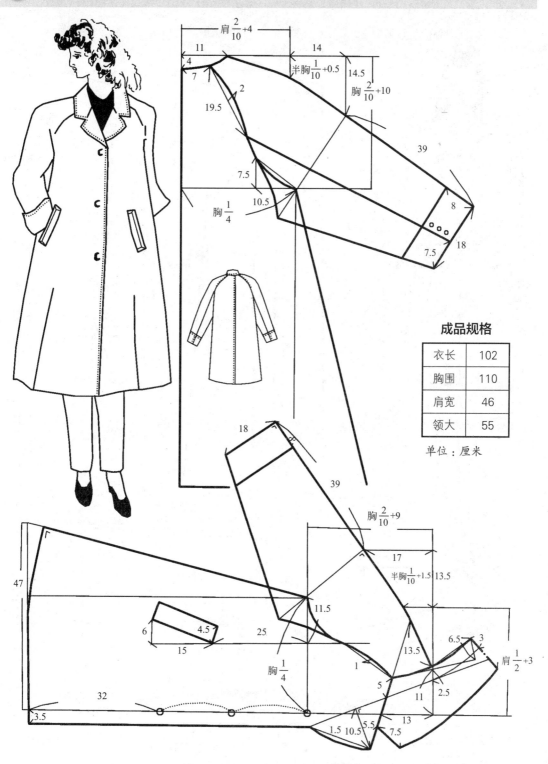

成品规格

衣长	102
胸围	110
肩宽	46
领大	55

单位：厘米

偏领中大衣

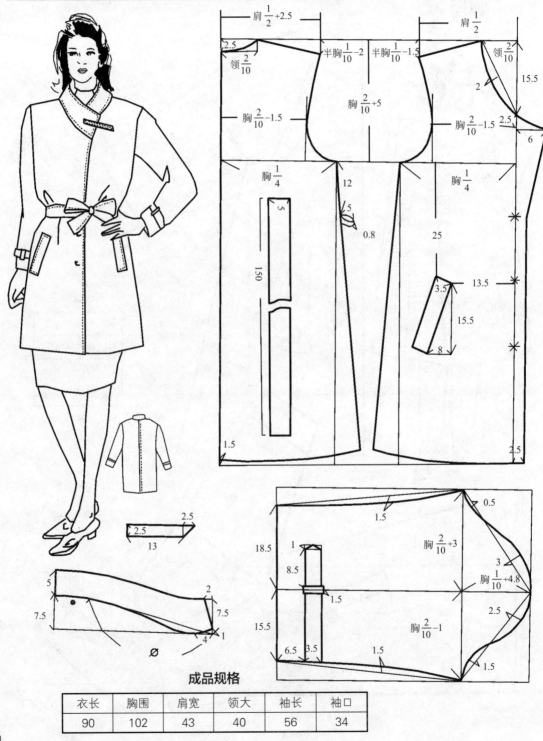

成品规格

衣长	胸围	肩宽	领大	袖长	袖口
90	102	43	40	56	34

单位：厘米

办公室职业套装

春秋西服裙套装

上衣为西服，二粒扣，下着西装塔裙。面料可选用各色女士呢及中长化纤料。

成品规格

衣长	76	胸围	100
肩宽	42	袖长	54
领大	38		

单位：厘米

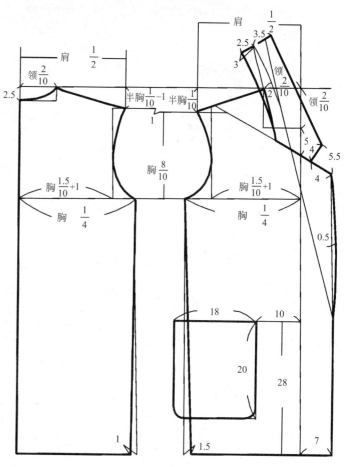

肩 $\frac{1}{2}$

领 $\frac{2}{10}$

2.5

半胸 $\frac{1}{10}$ -1 半胸 $\frac{1}{10}$

1

胸 $\frac{8}{10}$

胸 $\frac{1.5}{10}$ +1

胸 $\frac{1}{4}$

胸 $\frac{1.5}{10}$ +1

胸 $\frac{1}{4}$

肩 $\frac{1}{2}$

2.5 3.5

3

领 $\frac{2}{10}$

2

领 $\frac{2}{10}$

5 4

5.5

4

0.5

18 10

20

28

1.5 1 7

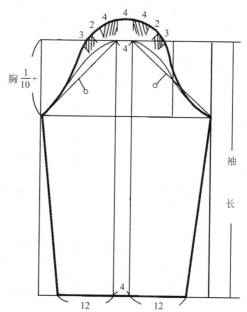

胸 $\frac{1}{10}$ +

2 4 4 4 2

3 4 4 3

4

袖长

12 12

4

披肩领无袖夏季套装

此款上衣为双排扣，披肩领，裙子为大斜裙，无袖。面料可用各色涤丝绸、双绉、丝绸等。

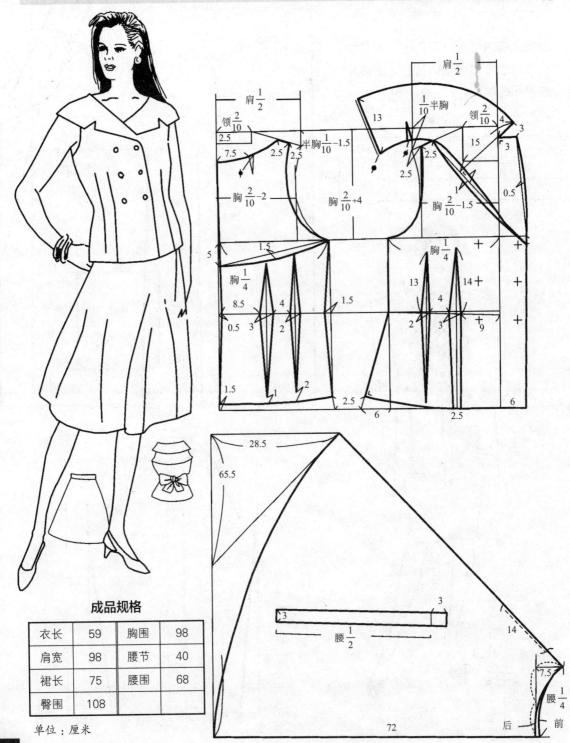

成品规格

衣长	59	胸围	98
肩宽	98	腰节	40
裙长	75	腰围	68
臀围	108		

单位：厘米

无领双排短上衣、裙套装

← 上衣低领口，双排扣，前胸两个装饰兜盖，短袖上有卡夫，裙子的双排扣与短上衣形成呼应。面料可用牛仔布。

成品规格

衣长	47	胸围	96
肩宽	40	腰节	40
袖长	26.5	领大	38
裙长	60	腰围	65
臀围	96		

单位：厘米

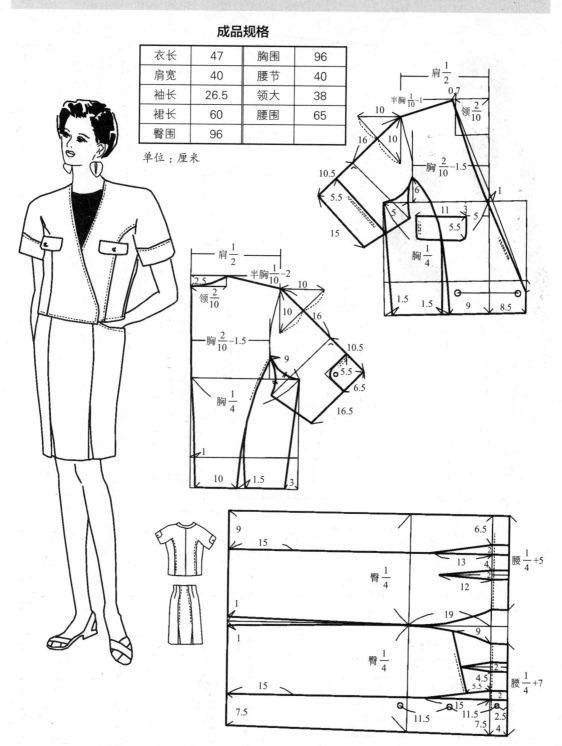

马甲、长裤套装

马甲采用男系背式，萝卜裤，前腰头采用小三角形，式样新颖，时代感强。面料可用毛呢面料、呢绒面料等。

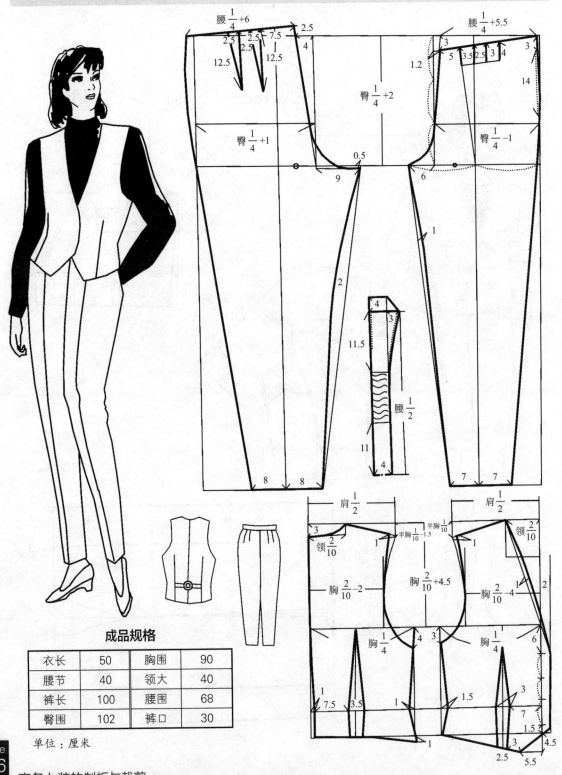

成品规格

衣长	50	胸围	90
腰节	40	领大	40
裤长	100	腰围	68
臀围	102	裤口	30

单位：厘米

无领西服式上衣、裙套装

上衣领口处和贴兜的上口处均用粗线绣出花色图案，显得高雅华贵，配以短裙，春秋季穿用最佳。

成品规格

衣长	70
胸围	100
肩宽	42
腰节	40
袖长	56
袖口	26
领大	40

单位：厘米

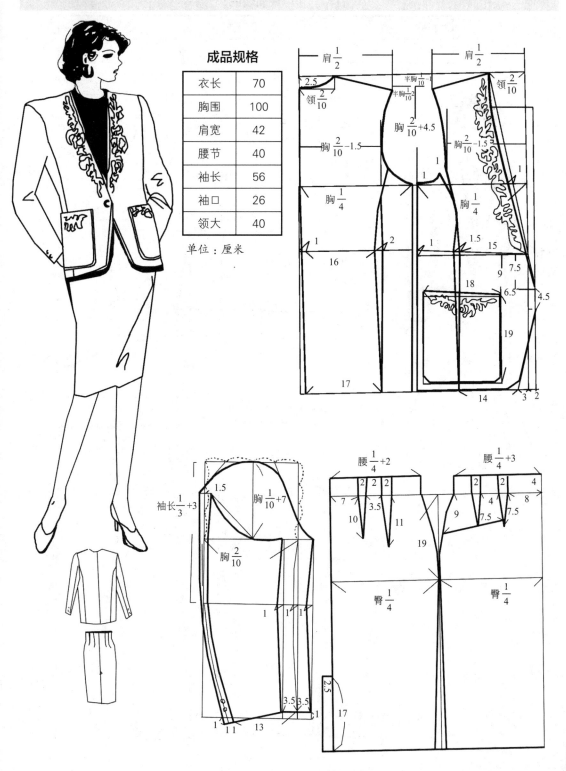

短上衣、喇叭裙套装

⬅ 上衣无领，下摆三角形；裙下摆加大，整体造型呈喇叭形。

成品规格

衣长	胸围	肩宽	领大	袖长	裙长	腰围	臀围
47	96	40	40	26.5	38	60	65

单位：厘米

夏季衫、裙套装

上衣无领，领口圆形，与小圆下摆呼应，配以短裙，给人一种轻快活泼之感。面料可用T/C、麻混纺织物。色彩以淡雅为好。

成品规格

衣长	54	肩宽	98
袖长	40	腰大	40
胸围	29	领大	67.5
裙长	65	臀围	95

单位：厘米

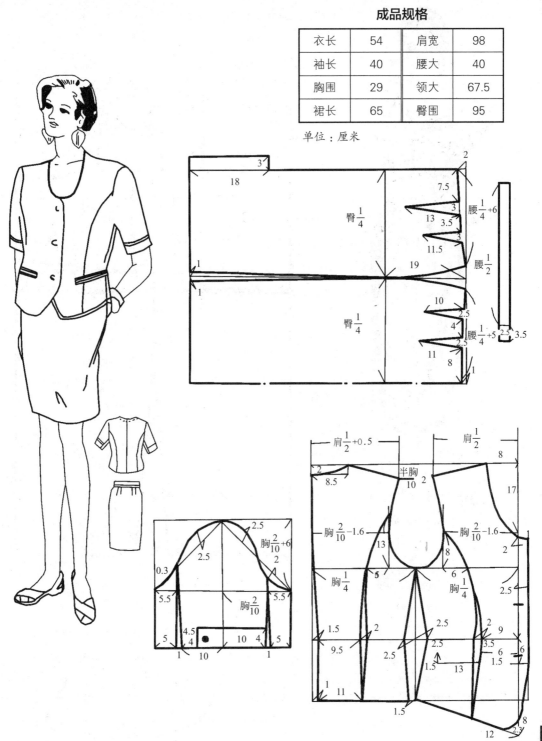

连衣裙套装

上衣无袖，衣长在胸下，领子为披肩式，领前中央镶胸花一朵。连衣裙无领无袖，紧腰身，式样简练而富有时代感，面料用高档绸缎为好。

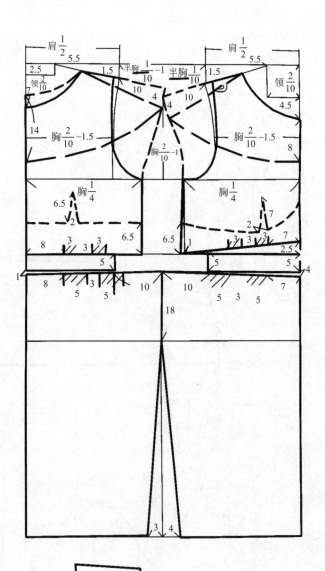

成品规格

裙长	100	肩宽	40
胸围	100	腰节	40
上衣长	35	领大	40

单位：厘米

三开领短袖衫、裙套装

上衣男性化，有两个贴袋。上衣穿在裙外可呈两件套效果；掖在裙内，则有连衣裙的效果。面料用T/C小格或大格为佳。

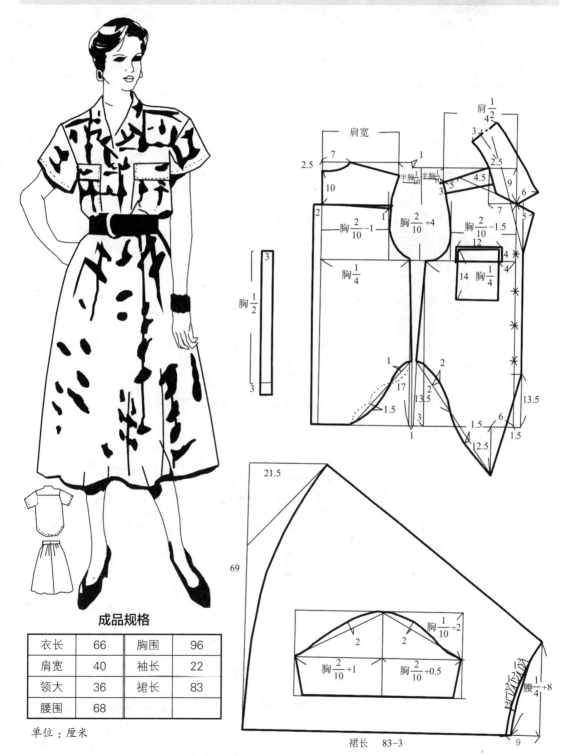

成品规格

衣长	66	胸围	96
肩宽	40	袖长	22
领大	36	裙长	83
腰围	68		

单位：厘米

裙长　83-3

短上衣、连衣裙裤套装

上衣下摆收小镶边，短袖，配紧腰身的连衣裙裤。

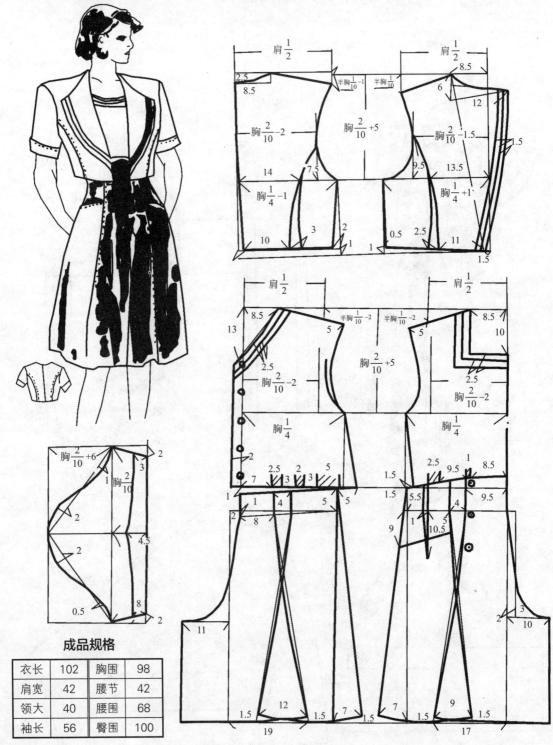

成品规格

衣长	102	胸围	98
肩宽	42	腰节	42
领大	40	腰围	68
袖长	56	臀围	100

单位：厘米

衬衫、裙裤两件套

衬衫前身下摆呈三角形，新颖而有时代感；裙裤为二节式，在接缝处收褶可增强裙式的效果。面料可用T/C或双绉等。

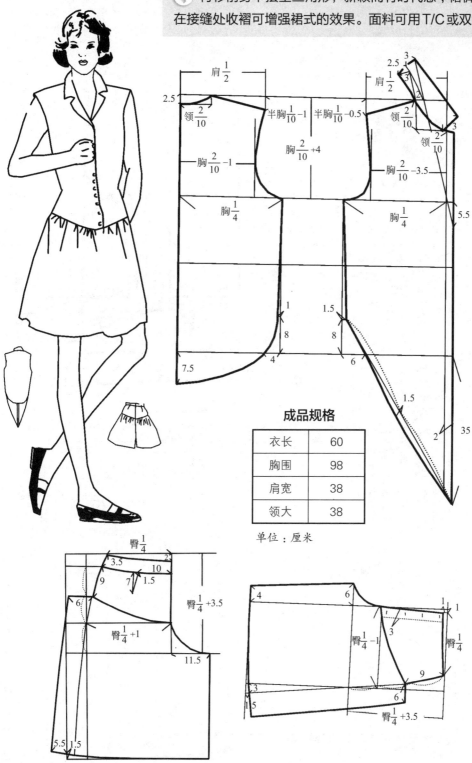

成品规格

衣长	60
胸围	98
肩宽	38
领大	38

单位：厘米

夹克、裙套装

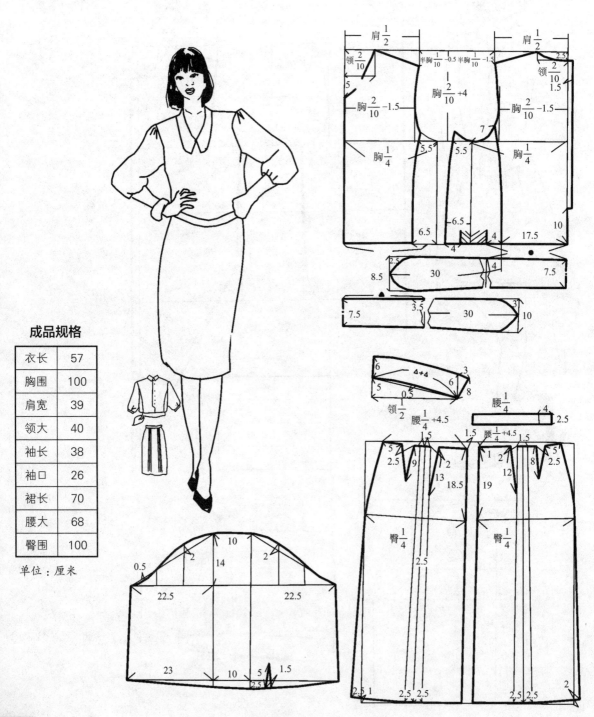

成品规格

衣长	57
胸围	100
肩宽	39
领大	40
袖长	38
袖口	26
裙长	70
腰大	68
臀围	100

单位：厘米

长上衣、短裙套装

上衣无领，双排扣，给人一种清爽的效果；配短裙，轻便活泼。

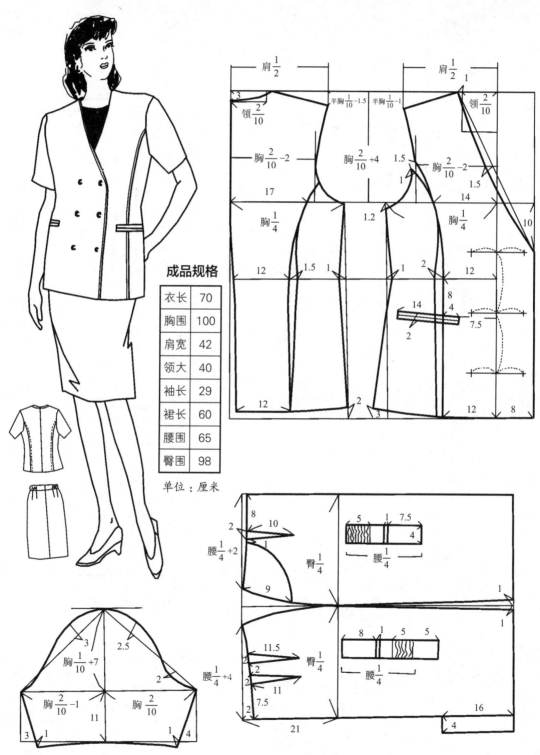

成品规格

衣长	70
胸围	100
肩宽	42
领大	40
袖长	29
裙长	60
腰围	65
臀围	98

单位：厘米

对襟上衣、裙套装

上衣无领，圆领口，延领口，子口下摆，袖口、兜口镶0.5厘米宽的滚条，袖口处圆开叉镶扣，配短裙。面料可用女呢。

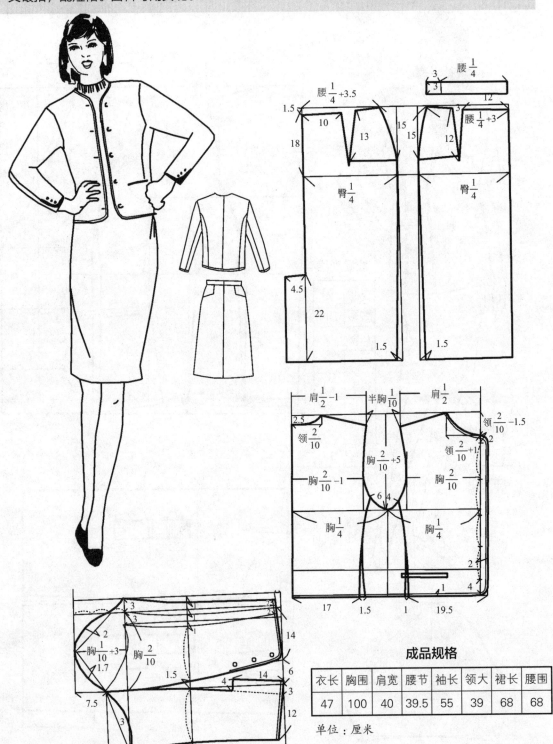

成品规格

衣长	胸围	肩宽	腰节	袖长	领大	裙长	腰围
47	100	40	39.5	55	39	68	68

单位：厘米

二扣西服、裙套装

此款前后身小刀背。面料可用花呢等。

成品规格

衣长	72
肩宽	42
袖长	59
腰围	68
胸围	98
腰节	40
裙长	57
臀围	96

单位：厘米

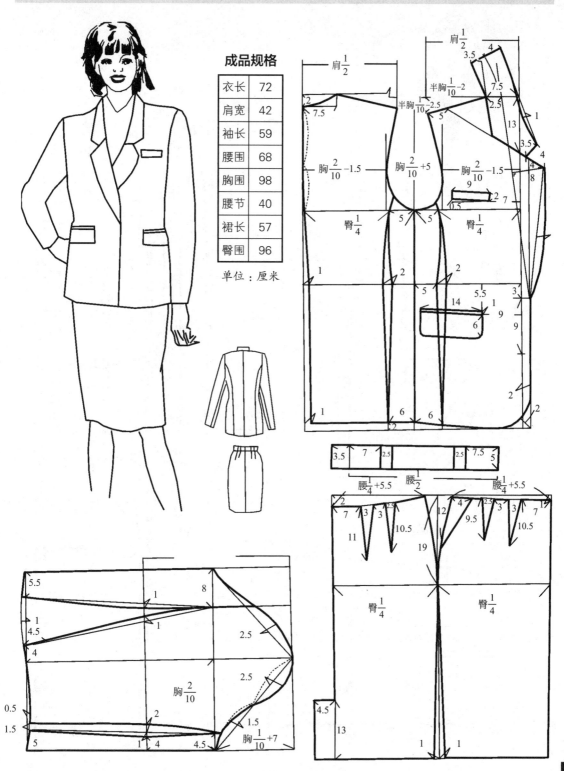

一扣西服、裙套装

此款比一般正统西服新颖，前、后身小刀背。面料以毛格花呢为佳。

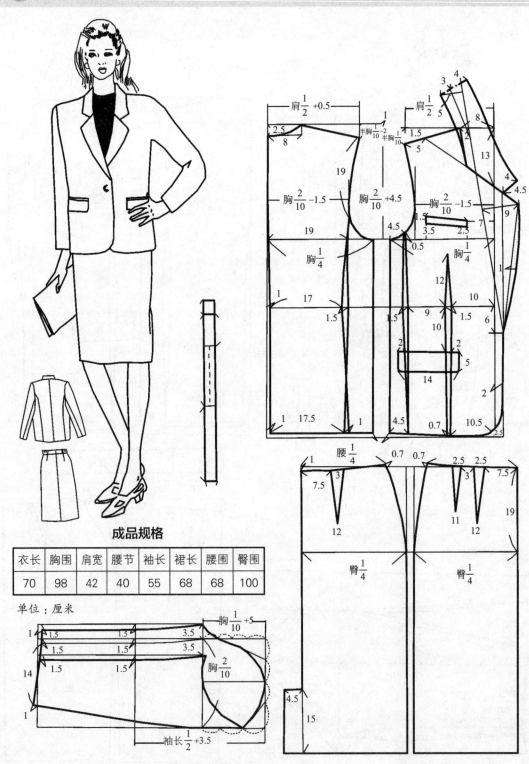

成品规格

衣长	胸围	肩宽	腰节	袖长	裙长	腰围	臀围
70	98	42	40	55	68	68	100

单位：厘米

镶边双排扣西服、裙套装

上衣无领，延领口，子口镶2厘米宽的边。面料可用化纤、混纺、薄呢料。

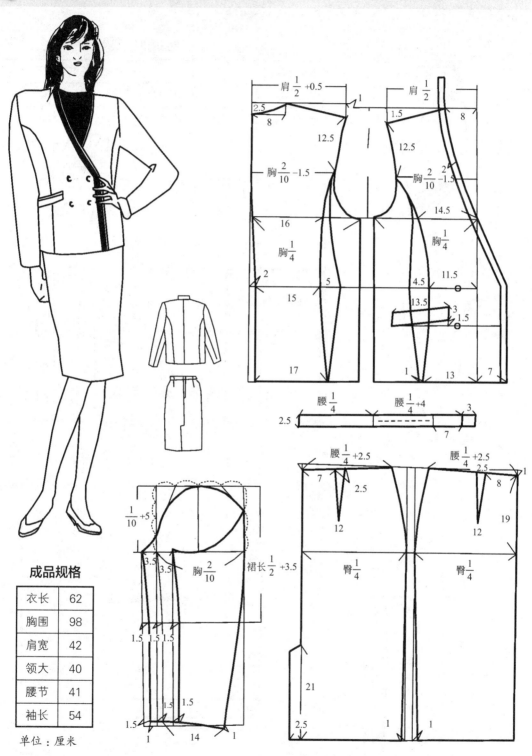

成品规格

衣长	62
胸围	98
肩宽	42
领大	40
腰节	41
袖长	54

单位：厘米

圆摆上衣、裙套装

◄ 上衣采用青果领，领边、子口、下摆、袖口等处均镶1厘米边，前胸中央略下处装饰一朵立体花，配短裙，给人一种俏丽之感。面料采用薄呢料为佳。

成品规格

衣长	胸围	肩宽	领大	腰节	袖长	袖口	裙长	腰围	臀围
62	98	42	40	40	56	28	60	66	98

单位：厘米

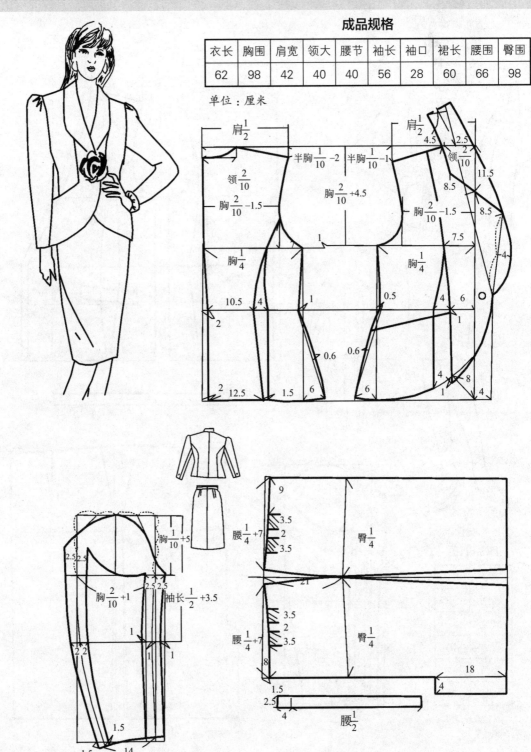

对襟上衣、裙套装

> 上衣对襟而不相接，两侧使用相反走向的面料与对襟相连，配短裙。

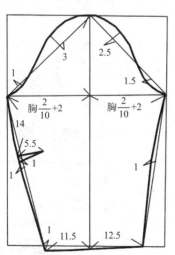

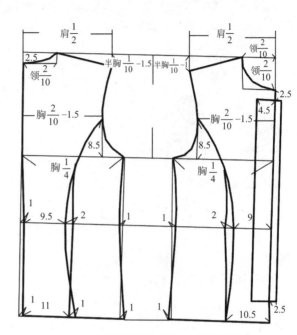

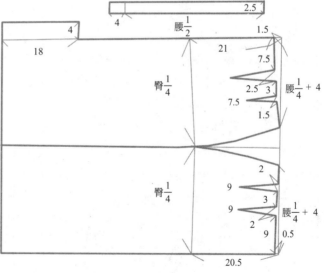

成品规格

衣长	60	领大	38	袖口	24	臀围	98
胸围	96	腰节	38	裙长	68		
肩宽	40	袖长	52	腰围	66		

单位：厘米

连袖敞门小上衣、背带裙套装

上衣是与背带式连衣裙配套的。上衣长度在腰节上，两边刚好盖住胸部，开门及袖口镶2.5厘米宽的边以增加艺术效果。

成品规格

衣长	40.5
胸围	98
肩宽	40
衣裙长	112
胸围	98
肩宽	40
腰节	40
腰围	76

单位：厘米

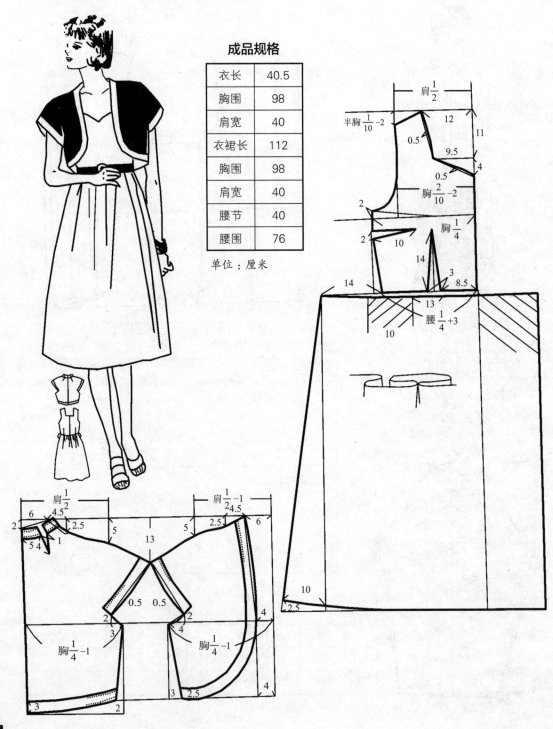

燕尾式无领女上衣

双排扣收腰女上衣

枪驳头女西装上衣

连领收腰短上衣

披肩开领上衣

无领长袖短上衣

插肩袖立领夹克

双排扣西服领夹克

连腰青年裤

连腰萝卜裤

盆式披肩领连衣裙

偏搭门女裙

瓶式连衣裙

大披肩连衣裙

背带式连衣裙

双排扣断腰节连衣裙

礼服式连衣裙

无领连衣裙

抹胸式太阳裙

连衣裙裤

收腰身双排扣连衣裙

前开对襟连衣裙

连帽式中大衣

牛角扣轻便式大衣

▲
偏领中大衣

▲
对襟上衣、裙套装

镶边双排扣西装、裙套装

一扣西服、裙套装

连袖敞门小上衣、背带裙套装